U0884986

静心

世界如此浮躁，我们必须静心

马银春 编著

中国言实出版社

图书在版编目（CIP）数据

静心 / 马银春编著. --北京 ：中国言实出版社，2014. 1(2023.8 重印)

ISBN 978 - 7 - 5171 - 0331 - 8

Ⅰ. ①静… Ⅱ. ①马… Ⅲ. ①人生哲学一通俗读物 Ⅳ. ①B821 - 49

中国版本图书馆 CIP 数据核字（2014）第 001000 号

责任编辑： 周汉飞　马晓冉

出版发行　中国言实出版社

地　址：北京市朝阳区北苑路 180 号加利大厦 5 号楼 105 室

邮　编：100101

电　话：64924714（发行部）　64924735（邮　购）

64924853（总编室）　68581667（少儿中心）

网　址：www. zgyscbs. cn

E - mail：zgyscbs@263. net

经　　销　新华书店

印　　刷　天津市天玺印务有限公司

版　　次　2014 年 2 月第 1 版　2023 年 8 月第 2 次印刷

规　　格　710 毫米×1000 毫米　1/16　11. 5 印张

字　　数　145 千字

定　　价　29. 80 元　　ISBN 978 - 7 - 5171 - 0331 - 8

前言
PREFACE

你是否会经常性地因为一些小事乃至一句话与家人吵架、闹别扭?

你是否会经常性地在工作时想着娱乐而在娱乐时又担心着工作?

你是否会经常性地对周围的人不满意同时对自己也不满意?

如果是，那么你手中的这本书很有必要一读。

它不仅是写给你的，也是写给我自己的。事实上，不仅在整本书的创作过程中，即使到现在，它已经到了收尾阶段，我还不敢说自己就真的达到了百分之百的静心状态。

这是实话。实话是可贵的，但往往不讨人喜欢。具体到本书而言，它至少会令一些读者产生这样的想法：你自己都不静心，你怎么教我静心?

然而这样的想法，岂不正是不静心的表现?

人世间，谁能不食人间烟火呢。包括我们这些看起来比较“安逸”的码字人，除了那几个名满天下的大作家以外，大多数人起码还是要为生活奔走的。锅碗瓢盆、五谷杂粮、水费电费、马桶垃圾，一样也少不了。那么，不静心又有什么不正常的?

不静心是正常的，但经常性的不静心就不正常了。当然，即使经常性的不静心，也不要担心，这种不正常是完全可以矫正的。不要把我视作心理医生的角色。还是那句话，这本书首先是写给我自己的。

有必要好好解释一下“静心”。“静心”这个词，是现代人造出来的。对我个人而言，最早是在一个电视广告上听到这个词——“女人四十要静心”、“静心口服液”云云，针对的主要是更年期的女性……

我要说的是：不管男人女人，也不管他（她）处在人生哪一阶段，静心都是必须的。

简单来说，静心指的是心境平和，不烦躁，不浮躁。现在是什么时代？机械化时代。相信每个有点生活经历的人，都曾产生过一种以血肉之躯对钢筋水泥世界的无力感。尤其是当你处在地铁里，上下班高峰的公交车里，看着地面上无数双脚，面对眼前黑压压一片脑袋，你更能深切地体会到现代人活得有多“累”。

然而，如果你是一个成熟的人，你也应该明白，现代人的这种“累”，未尝不是一种幸福。世上从没有纯粹的幸福，幸福来了，与幸福相伴的压力等自然也会跟来，这是正常的。从一定程度上说，二者也是无法人为割裂的，必须客观且乐观地看待。

举一个很简单的例子：中国人大多有个“桃花源情结”，即没有战争，没有赋税，基本上就等于幸福。可现在，早已取消了农业税，也很长时间没有了战事，却并没有多少人觉得自己是生活在桃花源里。

可见，“静心”远不止此。我从不认为，安贫乐道、知足常乐是这个世界的良药。就我本人而言，如果连下个月的生活费在哪里还没有着落的话，我是没法静心的，只会坐立不安，直到我的生活费有了着落。所以，这本书的主旨之一，就是给人以力量，让人勇猛精进，至少也要摆脱连下个月的生活费都不知道在哪儿的生活状态，从根本上扑杀一些让人静不下心来的因素。当然，我会尽量让这种力量平和一些，而不是简单地打上几剂鸡血，那样，你才能像先哲所期望的那样——静以致远。

除此之外，我也不效仿目前市场上已有的一些静心类书籍的写法，把一些原本肤浅的东西人为加工得玄之又玄，或者抓住“静心”二字，死命“挖掘”，让你到头来满眼只剩“静心”，但心里却一片茫然。我的解决方法是，尽量把它变得大道至简又雅俗共赏，尽量使它立足于生活又超越于生活，尽量以一种我自认为有意思的笔触描述我所理解的“静心”。为此，我干脆简化了一些架构方面的工作，以中国人最向往的琴、棋、书、画、诗、酒、花，以及每个人都离不开的柴、米、油、盐、酱、醋、茶等生活必需品为切入点，借助相关素材，使其与“静心”完美嫁接，以一种前所未有的方式呈现在你面前。不管最终结果如何，至少对我来说，是一种勇敢的尝试。

希望您能认可这种尝试。也希望您能在读完这本书后真的能够静心。

编者

2013. 10. 15

目录
CONTENTS

第一章

静心是一首诗

1. 无论如何，不管怎样

无论如何

人们往往不理智，缺乏逻辑性并以自我为中心；
原谅他们吧，无论如何。
如果你善良，人们会指责你怀有自私和不良动机；
仍旧善良吧，无论如何。
如果你成功了，你会赢得一些假朋友和一些真敌人；
还是去成功吧，无论如何。
如果你诚实和坦率，人们会欺骗你；
仍然诚实和坦率吧，无论如何。

你花数年时间所营造的，有人会在一夜之间将其摧毁；
继续营造吧，无论如何。
如果你找到了安宁和幸福，他们会嫉妒你；
依旧欢乐吧，无论如何。
你今天做的好事，人们往往明天就会忘记；
仍然去做好事吧，无论如何。
你将你拥有的最好的东西贡献给世界，再多也不够；
继续将最好的奉献给世界吧，无论如何。

你瞧，归根到底，这是你和上帝之间的事；

而绝不是你和他人之间的事，无论如何。

上面这首小诗的作者，是享誉世界的特蕾莎修女。之所以没有选我们这个诗歌王国中的任何一位大诗人，而是选择一位外国业余诗人的作品，作为我们的开篇之作，在于我始终认为，诗人也好，作家也罢，有时候写出伟大的作品，相对来说或许并不太难，只要有才华、肯努力，就可以做到。真正难得的，是在现实生活中践行自己的作品。而特蕾莎修女正是极少数做到这一点的人。

我们总是说，要诗意地栖居，诗意地生活，殊不知，所谓诗人，乃是放大人间的幸福与痛苦的人。所以诗意，有时候意味着苦涩。不过没必要一听到“苦”字就皱眉头。胆汁苦不苦？没有它人体就运转不下去。良药虽苦，却能把人从疾病的苦痛中解救出来。而特蕾莎修女一辈子所从事的事情，就是从苦中挖掘甜，然后毫无保留地赐予那些需要帮助的人。

特蕾莎修女，又称德兰修女，于1910年出生于阿尔巴尼亚，她一生扶贫济困，先后在印度和其他国家创办了五十余所学校、医院、济贫所、青年中心和孤儿院；曾获得印度尼赫鲁奖金、美国约瑟夫·肯尼迪基金会奖金和罗马教皇约翰二十三世和平奖金，并于1979年荣获诺贝尔和平奖。这首诗，折射出的即是她那高尚的人格、开阔的胸襟和无私奉献的精神。

早在年轻时代，特蕾莎修女在世界上就享有广泛的知名度。后来，她又建立了“仁爱传教修女会”，并逐渐发展至全世界120多个国家和地区。然而，伴随着她的知名度及其在教会中地位的日益提升，其思想、言行及财产等诸多方面，开始遭受大量评论和非议。如美国作家克里斯多弗·息金斯在其著作《宣教立场：德兰修女理论与实践》中说："你所知道的德雷莎修女，不是部分是假的，而是全部都是假的。"

特蕾莎修女假在哪里呢？该作者指出：

——人们认为，特蕾莎修女把她的一生都奉献给了加尔各答（印度城市），其实不然，特蕾莎修女大部分的时间都在梵蒂冈，或是访问其他国家，她很少在加尔各答；

——人们认为特蕾莎修女的慈善组织帮助了无数的穷苦人，其实不然，相反，她收到了大量的捐款，但这些钱却很少用在穷人身上。至于人们所乐道的她经营的那些孤儿院、收容所等，这些机构很多都是她信口开河编出来的，完全不存在；

——人们认为，特蕾莎修女是无私的人道主义者，其实正好相反，她是偏执而且残酷的基本教义派。她对于"痛苦"有一种不健康的崇拜，她认为受苦是让人接近最直接上帝的途径。因此，她所经营的"疗养院"不是用来治疗穷苦的人，而是让他们痛苦的死亡的场所。特蕾莎修女的疗养院没有任何现代化的医疗设备，所有的工作人员都是没有受过医疗训练的修女，她们使用没有消毒的针筒，不使用任何止痛药，也不打算治好任何人。由于修女禁止使用止痛药，许多病人都是在最痛苦的情况下死亡的。德雷莎修女唯一在乎的事，是传教……

心存善念，助人为乐，无论古今中外，都是毫无疑问的美好品质。不过有些时候，助人也往往惹上一堆麻烦，特蕾莎修女就是如此。国内的袁厉害、陈光标等慈善人士亦如此。我们不能简单指责那些质疑者就一定不对，一定居心险恶。在一定程度上，我也相信"世上并无绝对无私者"这句话。然而，当特蕾莎修女在帮助穷人、病人、孤儿、无家可归者时，那位美国作家又在做什么呢？对于国人的质疑陈光标等慈善人士，已故的季羡林老先生曾经说过一段中肯的话："慈善可以是很高的层次，无私奉献，也可以有利己的目的，比如图个好名声，或者避税，或者领导号召不得不响应；为慈善付出的可以很大也可以很少，可以是金钱也可以是时间、精神，层次很多，幅度很大，不管在什么条件下，出于什么动机，只要他参与了，他就开始了他的道德积累。所以我主张慈善不要问动机。”

而特蕾莎修女的回答则是这首小诗。正像她在诗中所说的，“如果你善良，人们会指责你怀有自私和不良动机；仍旧善良吧，无论如何。你今天做的好事，人们往往明天就会忘记；仍然去做好事吧，无论如何”，因为“这是你和上帝之间的事，而不是你和他人之间的事”。所谓“名满天下，谤亦随之”，一个人不可能让全世界满意，世上总有人以聒噪为能事，无论你做什么，怎么做，做到什么程度，都不可能让那些没素质的人说出有素质的话。但是没关系，只要你的心足够安静，只要你的脚还坚定地踏在自己认定的路上，你的耳朵就会自动屏蔽闲言碎语。当然，把它们当作一种反面激励也未尝不可。

最后要说的是，这首诗的作用并不仅限于此，实际上它还道出了一个极富诗人个性的处世精神：无论如何，不管怎样，做你想做的，做你该做的，别理那些聒噪的，少听那些无聊的。

2. 为人心静自然凉

唐代大诗人白居易晚年好佛，喜欢遍游群山，访贤问道。有一年夏天，白居易去拜访一位名叫恒寂的禅师。当时正值伏天，天气酷热，一众僧侣热得无心参禅，唯有恒寂禅师一个人安静地坐在房里读经。

白居易不断地扇着扇子，仍然满头大汗，他问恒寂：“禅师，屋里这么热，为何不找个凉快的地方读经？”恒寂淡淡地说：“三界如火宅，娑婆如热炉。我觉得这里就很凉快。”白居易深为恒寂禅师的禅功所触动，于是作了这首《苦热题恒寂师禅室》：

人人避暑走如狂，独有禅师不出房。

可是禅房无热到？但能心静即身凉。

也，“心静自然凉”。所谓“心静自然凉”，本义是说心里平静，内心自然凉快，引申为遇到问题、困难、挫折时，放平心态，以一颗平常心去处理、去面对，这是每一个成熟的人应有的生活态度，对问题、困难、挫折的解决也不无裨益。

刚刚经历过炎夏的人们，都有这样的感觉：天气一热，人就容易产生一些负面情绪，轻者烦躁不安，影响工作，重则无名火起，铸下大错。这时候，单是打开空调是不够的，要学会把自己的注意力从天气转移到其他可以让自己感到平静愉悦的事物上面。当你的心思不在热上面了，自然就没那么“热”了。举个例子：一个喜欢打麻将的人，在数九寒天不生火的屋子里也能玩得不亦乐乎；若是牌风不顺，还会脑门见汗！例子虽然庸俗，但足以说明，心理的微妙变化会极大地影响人对外界事物的感知。

当今世界，全球变暖，集体发烧，我们做人、做事，尤其是有所追求却不得其法时，只差一步却偏偏遭遇瓶颈时，不幸落败又逢世态炎凉时，心烦意乱偏偏还有人添乱时，都不免让人急出一脑门汗，外加一头雾水，坏脾气、坏心情自然也不打一处来。这时候，除了自己冷静下来，谁也帮不了你。

已故世界三大男高音之首帕瓦罗蒂就有过这方面的经历。有一次，尚未成名的帕瓦罗蒂应邀去法国参加一个演唱会。他提前一天赶到法国，当晚下榻在剧院附近的一个小旅馆。为了不影响第二天的演出，他早早地就上床了。谁知刚刚躺下，便被隔壁婴儿的哭闹声吵醒了。帕瓦罗蒂本以为，这小家伙哭一会儿就会停，谁知一个多小时过去了，孩子还是哭个没完没了。他的忍耐已经到了极限，伸出拳头，准备砸墙以示抗议。但就在拳头触及墙面之前，他突然想到一个问题：这小家伙怎么能哭这么久？已经哭了一个小时了，声音还像刚开始那样洪亮！想到这儿，他躺在床上仔细静听，发现这孩子是个天才，每次声音快到临界点时，他就会把声音“拉”回来，这样，他的哭声便不会破裂，声带也不会嘶哑。而且他听出，那个婴儿并不是用喉咙发音，而是用丹田，因此他长时间啼哭，却一点儿也不气喘。想到这儿，帕瓦罗蒂非常兴奋，当即试着像那个婴儿一样，用丹田发音，并且在唱到最高点前拉回来，保持声音的洪亮完整。一试之下，效果非常好。反正也睡不着了，他便就着婴儿的哭声，练习了小半个晚上。第二天，他全新的唱功征服了所有观众。

帕瓦罗蒂一事告诉我们：如果你心里静，即使是噪音，也能听出天籁的感觉。尽管，冷静下来未必能解决所有的问题，但至少不会让事情变得更糟。

再来看一个身边的故事：前不久，我聘请的一位小姑娘来找我辞职，我惊问其故，小姑娘不好意思地说：在北京交了个男朋友，被二老侦知，强烈要求她立即与男朋友分手，回老家发展……我应她之请在她所在的城市帮她联系了一家跟我有业务往来的公司。谁知没过多久，该公司的负责人就打电话过来说：“小姑娘刚上几天班就跟我请长假，说心里烦，要去西藏散散心！”我对小姑娘的敬佩之心油然而生。我也想去旅旅游，但始终脱不开身，而人家一个参加工作才不久的小姑娘，说走就走，令人羡煞。不过细细想来，她在接下来的日子里一定会比较烦。当爱情与亲情发生遭遇战，且没有和解的可能，谁都烦。我也能预料到，她如果不能解决自己心里的问题，即使走遍千山万水，恐怕也散不开郁闷的心结。前些天，我在网上遇到小姑娘，问她西藏之行感觉如何。她的回答是：二老坚决不同意她去西藏……很显然，她需要的已经不是简单地静下心来，忘掉烦恼，重拾欢笑，而是应该进一步想想：她为什么会这么烦恼？她又该如何谋求爱情与亲情、家庭与自我之间的平衡？

其实，想找个地方静一静、散散心的现代人远不止小姑娘一人。很多人都想去高原看看蓝天，饮饮雪水；想去草原骑骑骏马，望望白云……很多商家也乘机打出了“背叛城市，回归自然”的招牌，但是我们知道，我们迟早要回来，柴米油盐、锅碗瓢盆依然故我，无法突破的瓶颈、难以改变的现实依然故我，看看天、看看云看似能安心，其实是逃避。我们想要的“清静的去处”，只能向自己的心中求。如果我们的心不能真正静下来，即使遁迹深山老林，照样纷扰挂心头。真正的静，是心静而非形静，是心灵的超越，而不是形式上对尘世的逃避。

3. 尽日寻春不见春

在古代中国，单是留名青史的诗人就不下万人，但女诗人却少得可怜。而我们下面要介绍的这位诗人，不仅是位女诗人，还是位方外之人——唐代的无尽藏尼。

无尽藏尼名传后世，很大程度上就在于她的名作《终日寻春》：

终日寻春不见春，芒鞋踏破岭头云。

归来偶把梅花嗅，春在枝头已十分。

尽管这首诗，作者原想要表达的全是与佛理相关的“求道”、“开悟”、“执着”、“自性”等，与普通人的生活相去甚远，然而，它不仅最终跨越了方外与尘世那道无形的高墙，还跨越了千年的时光，成了一个了不起的经典。究其原因，就在于无论是出家人求道，还是我们普通人寻求人生价值、寻找幸福，都好比寻找春天。

受地理因素影响，我国大部分区域一年四季均是冬夏长、春秋短，而春天因上承冬之严寒，下启夏之炎热，温度宜人，万物复苏，且寄托着一年的希望，尤为可贵。加之在为数不多的春日里，还时不时地春寒料峭，导致真正意义上的温暖的春天往往没有几天，让人们感觉几乎是一下子就从冬天进入了夏天，刚把春天抓到手，就又从指缝中溜走，愈发显得珍贵。

“春天在哪里呀，春天在哪里？”不是有一首歌也这么唱吗？寻找春天的人那么多，寻找幸福的人那么多，但他们就像未悟道时的无尽藏尼，从清晨到夜晚，甚至夜不能寐，走遍千山万水，把鞋子都磨破了，内心呼喊的春天还是无影无踪。然而等他们满身疲倦、心灰意懒地回到家中，却发现，春天早已占满枝头！原来，最珍贵的东西恰恰是不必辛苦寻找的，比如春天，比如幸福。而那些让人为之着魔、为之走遍千山万水的幸福，或许只是披着幸福外衣的欲望。

有个寓言说：一只小猫问妈妈：“妈妈，幸福在哪儿？”妈妈回答：“幸福就在你的尾巴上！”于是这只小猫就一天到晚地团团转，试图抓住自己的尾巴，却总也抓不住。有一两次，它真的做到了，摸到了自己的尾巴，可是这已经是它的极限了。它只能摸到，却没法握紧。最终，尾巴从它的掌中滑落。就这样，一次又一次的与尾巴擦掌而过后，小猫生气地去问妈妈：“为什么我总是抓不住幸福呢？”妈妈笑着回答：“傻孩子，你不去抓它，尾巴就会老老实实地跟在身后了！”

很多时候，我们就像这只追着尾巴跑的小猫，为幸福把自己搞得团团转，为幸福去到很远很远的地方。殊不知，幸福一直在我们身后，只是因为我们特别想抓住它，它才会显得那么刁钻。

当然，由于我们人类早就进化掉了尾巴，因此我们的幸福可能更难以捉摸一些。但有一点总不会错，那就是幸福不可能像运动员一样陪你拼命奔跑，玩命转圈。

就如同上例中的小猫暂时可以摸到自己的尾巴一样，有些人或许能够追到些许幸福，握住些许幸福，但正如例子中的小猫一样，他们所能获得的幸福，永远不可能与他们的付出成正比。这并不是造化弄人。对幸福而言，造化无比地温情。它甚至不需要刻意地付出，就可以源源不断地为你提供幸福。而有些人努力追逐幸福而不得，实在是因为他们的刻意，阻碍了幸福的正常产出。

其实，幸福好比一条小河，原本是最好的水源地，是赖以维生的生命之源，有人偏偏要在里面淘金，结果搅得河水浑浊，泥沙俱下，鱼虾难活，自己也渴死在金山上。

著名摇滚乐手约翰·列侬也说过：“当我们正在为生活疲于奔命的时候，生活已经离我们远去。”这可以视作《终日寻春》一诗的格言版。不过，生活从不曾远去，远去的只有幸福。确切地说，幸福也不曾远去，它只是跟不上机械化时代的匆忙步伐。

幸福和春天一样，有它自己的步伐和时间表。百般追寻，节气不到，春天也不会来；时节一到，躲也躲不开春天的气息。一双奔波的脚，未必就是积极的，或许那只是一双茫然的脚、徒劳的脚。别把体力和精力浪费在无谓的奔波上，只有适时停下脚步，平静心绪，养精蓄锐，才有可能把握好转瞬即逝的春天。

我们并不反对追求，我们只反对强求。如果一个人不去追求，那么他也不可能幸福。“归来偶把梅花嗅，春在枝头已十分。”梅花的绽放，是大自然力量的造化。而我们的幸福，很多时候还需要自身能量的积累。如果一个人不懂得静下心来，在春天到来前积蓄力量，而仅仅是坐等春天，那么即使有朝一日“春在枝头已十分”，恐怕也没有一株幸福之花属于他。

4. 当时只道是寻常

中国素有“诗经、楚辞、汉赋、唐诗、宋词、元曲、明清小说”的说法，大意是说，诸如诗歌、散文、小说等各种文学体裁，在相应的时代都曾奏出过属于它们各自的最强音，代表了各个时期的最高文学成就，也是相应文学体裁的最高峰。不过，这只是个笼统的说法。比如清朝大词人、有着“清代李后主”之称的纳兰性德，他在词方面的成就即便是与真正的李后主相比也毫不逊色，可谓词坛的又一高峰，而且是一个人撑起了一座高峰。不过我们本节要讲的，既不是纳兰性德，也不是宋词，而只是他的一首著名词作中的一个典故。

纳兰性德曾在《浣溪沙》一词中写道：

谁念西风独自凉？萧萧黄叶闭疏窗。沉思往事立残阳。

被酒莫惊春睡醒，赌书消得泼茶香。当时只道是寻常。

词中的“赌书”，是引用中国历史上最著名的女词人李清照早年与丈夫赵明诚在故乡山东济南读书寻乐的典故：他们相互考问书上的记载，谁要是记错了，就得认罚喝酒。那小日子过得既有钱，又有文化，还有情趣。没多久，便家国沦亡，两年后丈夫赵明诚又因病去世，李清照从此开始了“寻寻觅觅，冷冷清清，凄凄惨惨戚戚……怎一个愁字了得”的孤苦生涯。彼此彼刻，偏偏又总是想起之前与丈夫在故乡时“共赏金樽沉绿蚁”的恩爱岁月、快乐时光，尤其是想到当时竟不觉得那样的日子有什么特别之处，没有更好地把握，尽可能地珍惜，今日想来，愈发留恋。当然，除了留恋，还有伤心。毕竟，那样的日子再也不会有了。

世人往往如此，总是在等到好日子一去不复返时，才回过头去说它值得留恋。而解决的办法只有一个，那就是莫等时过境迁时再说什么“当时只道是寻常”，而应从现在起，重新审视自己看似寻常的生活，好好品味、珍惜、把握其中的幸福。

相对来说，今天的我们很多方面都比李清照们幸福得多。然而当被问及“你幸福吗”时，大多数人的反应都是支支吾吾，不置可否。如果说李清照的怅惘源自“当时只道是寻常”的话，那么我们对幸福的茫然只能说是一种“现在只道是寻常”了。

现代人感觉不幸福，往往并不是真的不幸福，而是一种“身在福中不知福”。比如，中国人大多有个“桃花源情结”，向往陶渊明所描述的那种没有战争、没有赋税的幸福生活，其实冷静想想，当今中国的绝大多数人不就在过着这样的日子吗？或许，我们真的没有钱，甚至难以成功，有各自的生存压力，但我们不能为此而不快乐，不能为此就认定自己不幸福。

北方有句俗话，叫“萝卜白菜，各有所爱”。抛开其引申义不谈，只谈这句话的源头：在过去，甚至只是在短短二三十年前，北方由于天气寒冷，冬天地里除了小麦等少数几种作物外，其他作物都活不下去，同时，受限于不发达的交通，所以北方人冬天的蔬菜除了萝卜就是白菜。当然个别地区可以再加上土豆，但就算加上土豆，也只能在这三样蔬菜中做选择。所谓“萝卜白菜，各有所爱”，其实是一种无奈，因为没有别的，不爱也得爱。再往前推，唐朝的杨贵妃吃几串荔枝都被后世反复诟病，究其原因，也不外乎天气与交通因素。而现在，尽管冬天的蔬菜与水果价格昂贵，令工薪阶层又爱又恨，但总比有钱也买不到的好。

类似的例子我们还可以举出很多，但归根结底无非一句话：人要学会感恩，学会感受、珍惜当下的幸福，而不是等幸福逝去时徒生感触。

5. 失意了，也要有诗意

给每一条河/每一座山/取一个温暖的名字/陌生人，我也为你祝福/愿你有一个灿烂的前程/愿你有情人终成眷属/愿你在尘世获得幸福/而我只愿/面朝大海/春暖花开……

黑夜给了我黑色的眼睛/我却用它来寻找光明

上面两首诗，你感觉如何?

相信每一个不太狂的读者看过后都会心生敬意。事实上，它们都出自名家之手。前者是海子，后者是顾城。

遗憾的是，他们都已成为历史：1989 年，海子在山海关卧轨自杀；1994 年，顾城在新西兰家中吊颈身亡。

新东方创始人俞敏洪先生曾在一次演讲中提到，他当年也是个“未遂诗人”：“我们班当时非常活跃，光诗人就出了好几个。后来挺有名的一个诗人叫西川，真名叫刘军，就是我们班的……我在大学三年级的时候得了一场重病，这个病叫作侵润性肺结核。当时我就晕了，因为当时我正在读《红楼梦》，正好读到林黛玉因为肺结核吐血而亡的那一章，我还以为我的生命从此结束了，后来北大医院的医生告诉我现在这种病能够治好，但是需要在医院里住一年。我在医院里住了一年，苦闷了一年，读了很多书，也写了 600 多首诗歌，可惜一首诗歌都没有发表过。从此以后我就跟写诗结下了缘，但是我这个人有丰富的情感，没有优美的文笔，所以最终没有成为诗人。后来我感到非常的庆幸，因为我发现真正成为诗人的人后来都出事了。我们跟当时还不太出名的诗人海子在一起写过诗。后来他写过一首优美的诗歌，叫作《面朝大海，春暖花开》，我们每一个同学大概都能背。后来当我听说他卧轨自杀的时候，号啕大哭了整整一天。从此以后，我放下笔，再也不写诗了。”

自杀并不是诗人的专利，翻翻历史，有太多非正常死亡的文人：屈原、卢照邻、徐渭、陈天华、王国维、三毛……

我们不禁要问：为什么这些才华横溢的大诗人、大学者、大才子，尤其是其中有一些还一再地在作品中鼓舞、激励世人热爱生命、好好活着的人，其离开人间的方式如此的悲凉呢？

解释太多，原因太多，但真正让人信服的解释至今一个也没有，也许永远也不会有。不过有一点是公认的，这些诗人才子临死前都是比较失意的。但话说回来，人生不如意十之八九，谁不失意？看来，最终的原因还是脆弱。

俞敏洪曾经说：“我比较不具备诗人的气质，因为诗人必须要从绝望中找不到希望，要死要活那种。为什么我做不了诗人，那是因为任何事情到最后，我总相信会有柳暗花明的时候。”

很明显，俞敏洪是在开玩笑。实际上，我们都知道，古往今来，文坛中因为失意而自杀的诗人、文人虽不少，但绝大多数还是敢于和生活战斗的强者。司马迁受腐刑而著《史记》，陶渊明仕途失意遂开隐逸诗风，杜甫颠沛流离乃成诗圣，曹雪芹、蒲松龄一生困顿遂成传世名著……有道是“国家不幸诗家幸，话到沧桑句始工”，诗人也好，文人也罢，较之普通人更需要生活的磨炼、命运的洗礼，才能达到思想上的深刻、灵魂上的巅峰。“八月秋高风怒号，卷我屋上三重茅”，这是贫穷、是困顿、是失意，但也蕴藉了“安得广厦千万间，大庇天下寒士俱欢颜”的崇高诗意。“举杯邀明月，对影成三人”，这是孤独、是寂寞、是失意，但也吟出了一派历经千年而不朽的月光和杯中情怀。

人生有顺境，也有逆境；有得意，就有失意。但无论顺境逆境，都要心情平静，即使失意了，也要有诗意！否则，诗就是自欺欺人、无病呻吟和毒品！我曾经想向一位诗坛前辈学诗，他却说：“别学，诗人都是病人！”当然这只是一个玩笑，人分坚强、软弱两种，词分豪放、婉约两派，诗人亦从本质上分为积极、消极两类。在此附上一段经典励志诗，献给每一个暂时失意的朋友：

相信未来

·食指

当蜘蛛网无情地查封了我的炉台
当灰烬的余烟叹息着贫困的悲哀
我依然固执地铺平失望的灰烬
用美丽的雪花写下：相信未来
当我的紫葡萄化为深秋的露水
当我的鲜花依偎在别人的情怀
我依然固执地用凝霜的枯藤
在凄凉的大地上写下：相信未来

第二章

静心是一曲歌

1. 可以烦，不能乱

始终关注流行音乐的人，鲜有人没听过李宗盛的大名。作为影响了几代人的华语音乐教父，李宗盛的经典作品可谓多矣，其风格也称得上多变，既有最具李氏个人风格的《凡人歌》、《和时间赛跑的人》、《寂寞难耐》等作品广为传唱，亦有《爱的代价》、《我是一只小小鸟》、《让我欢喜让我忧》、《当爱已成往事》等为不同类型歌手而量身打造的经典之作，此外，李宗盛还曾与一些歌手合唱过一些歌曲，如众所周知的《真心英雄》，以及下面这首《最近比较烦》。看歌词：

黄品冠：最近比较烦 比较烦 比较烦
总觉得日子过得有一些极端
我想我还是不习惯
从默默无闻到有人喜欢
周华健：最近比较烦 比较烦 比较烦
总觉得钞票一天比一天难赚
朋友常常有意无意调侃
我也许有天改名叫周转
李宗盛：最近比较烦 比较烦 比较烦
我看那前方怎么也看不到岸
那个后面还有一班天才追赶
哎唷！写一首皆大欢喜的歌是越来越难

黄品冠：最近比较烦 比较烦 比较烦
陌生的城市何处有我的期盼
挥别了家乡的伙伴
现在的我更觉得孤单 唉！
周华健：最近比较烦 比较烦 比较烦
女儿说六加六 结果等于十三
我问老段说 怎么办
他说 基本上 这个 很难
李宗盛：呃！最近比较烦 比你烦 也比你烦
我梦见和饭岛爱一起晚餐
梦中的餐厅灯光太昏暗
我遍寻不着那蓝色的小药丸
周华健：人生总有远的近的麻烦
太太每天嫌我回家太晚
黄品冠：女友妈妈嫌我长得寒酸
虽然我已每天苦干实干
合：管它什么天大麻烦
久而久之我会习惯
天下没有不要钱的午餐
李宗盛：太太发现秘书裙子很短
她就买了八千块的耳环
周华健：女儿太胖 儿子不肯吃饭
黄品冠：车子太烂 银行没有存款
合：麻烦！麻烦！麻烦！……
周华健：最近比较烦 比较烦 比较烦
李宗盛：我的头发只剩下从前的一半

周华健：唉！每天的工作排得太满

黄品冠：台北的女生有些高不可攀

……

在这首歌中，黄品冠与李宗盛、周华健，分别化身为相应的族群的代表，笼统地说，黄品冠代表的是年轻人，而周、李代表的则是人到中年的都市男女。但青年也好，中年也罢，各有各的烦恼，具体到年轻人身上是“陌生的城市何处有我的期盼？挥别了家乡的伙伴，现在的我更觉得孤单”、“女友妈妈嫌我长得寒酸，虽然我已每天苦干实干”、“车子太烂银行没有存款”、“台北的女生有些高不可攀”等等，说白了就是友情、爱情、事情要么没有着落，要么不理想，心情自然好不到哪儿去。而对于中年人来说，情况就更加复杂，既有家庭负担，如“总觉得钞票一天比一天难赚”；亦有工作或者说是事业方面的压力，如“写一首皆大欢喜的歌越来越难”；还有身体上的每况愈下、力不从心，如“我梦见和饭岛爱一起晚餐”却“遍寻不着那蓝色的小药丸”，还有家庭方面的，如“女儿说六加六结果等于十三”、“太太发现秘书裙子很短，她就买了八千块的耳环”、“女儿太胖儿子不肯吃饭”等等一系列麻烦。此外，歌词中还提到了一个人——老段。这个老段正是当年李宗盛、周华健、黄品冠在滚石的老板段钟潭。老段在这首歌里倒好像没有任何烦恼，但我们知道，没有人可以置身于烦恼之外，老段有老段的烦恼，有他自己必须面对却同样感到“基本上……这个……很难”的问题。退一步讲，即便他现在没有烦恼，未来呢？所以总结起来说，“人生总有远的近的麻烦”！

还好，三位歌手对烦恼的控诉及时刹车，代之而起的是冷静的思考和感恩的心，即接下来的歌词中的“你们的关心让我温暖”、“家是我最甘心的负担”，从而有了最后的“我不烦”。然而，平心而论，一个明明有着很多烦恼的人有可能一点不烦吗？想来不会。但这不要紧，正如歌中所说，“我只是心烦却还没有混乱”，只要烦恼在可控程度内，没什么大不了。

我们要正视生活中的烦恼，烦恼没什么大不了，有些烦恼是正常现象，有些烦恼甚至还是一种幸福。这在这首歌一开头其实就有暗示，即黄品冠所唱的“我想我还是不习惯，从默默无闻到有人喜欢”。作为一个歌手，有人喜欢了，反而比较烦？多半是怕辜负歌迷们的支持和期待吧，而这种烦恼的背后无疑是一种可贵的负责精神。同理，周、李所代表的中年人的烦恼很大程度上也源于责任，有养家的责任、有教育子女的责任，当然也有更好得实现自我人生价值的责任。这些责任虽然源源不断地产生着这样那样的烦恼，但若抛开它们，“烦恼”或许没了，而“痛苦”却会找上门来。比如，一个没有老婆的人固然不必为女人爱唠叨而烦恼，但几乎所有的光棍做梦都在想着有这么一个女人每天唠叨自己几句。不过女同志们切不可据此认为自己就可以肆无忌惮地唠叨。唠叨是婚姻幸福的掘墓者。如果学不会温情诉说，有些话不如不说。

总之，生活免不了烦恼，但我们不能把人生的“小烦恼”等同于“大痛苦”，要学会把很多幸福与烦恼剥离开来。我们也没必要把烦恼看得过重，些许烦恼，甚至烦恼多些，并翻不了天。当然，烦恼毕竟不是什么好东西，很多时候，“心烦”会直接导致“意乱”，让人无法安心工作、生活，甚至引发不必要的麻烦和无法逆转的灾祸。所以烦恼缠身时，既要静心，冷静地看待、面对、处理烦恼，还要净心，把不良情绪及时排解出去。方式因人而异，如听一首喜欢的歌、看一段幽默的小品、上街走走，等等。

2. 爸爸决定不了未来

在某房地产公司组织的业主联欢晚会上，几个颇有摇滚范儿的小女孩唱的一首原创歌曲，给我留下了深刻的印象。歌词如下：

甜蜜的家，要有个好爸爸。
没有你在家，我一定会害怕，
你像个巨人，保护我长大，
爸爸你比上帝还伟大。
天已经黑，是否你又忙碌得忘了回家。
别让妈妈，一个人陪着我长大。
噢亲爱的爸爸，你辛苦地养家，
有很多的委屈，你要忘记它。
噢亲爱的爸爸，忍耐等我长大，
你为我筑的梦想，我一定实现它。
把骄傲送给你和妈妈。

说实话，这首歌并没有太多的艺术性，然而第一次听到它，我却被感动得几乎落泪。无他，我这个年轻的爸爸，真的是“有很多的委屈”。

歌中唱道：“爸爸你比上帝还伟大!”爸爸是否比上帝伟大，这得两说；但爸爸比上帝更管用，这是无须多言的。爸爸不仅给你掏钱，为你卖力，帮你跑腿，关键时刻，甚至不惜为你放下他们自己年轻时都不曾放下过的尊严。

但那是爸爸们的事。如果你恰好是个没钱的爸爸，你的伟大是会打些折扣的。或者干脆点说，你这个爸爸是拿不出手的。

过去有句流行语："学好数理化，走遍天下都不怕。"说得多好，多励志！可惜没多久，它就被"学好数理化，不如有个好爸爸"替代了。

难道没有个好爸爸，自己这辈子就没有出息了？唯有静下自己那颗躁动的心，变自伤为自宽、自解，化自卑为自强、自立，才能走好脚下的路，创造自己未来的幸福。

从一定程度上说，贫穷必须靠致富来医治，很多现实的烦恼与痛苦，也必须靠成功去化解。那么什么叫成功呢？你很难定义它，但我们可以打个比方：成功好比爬山，有些人是自己一步步爬上去的。有些人则是被他爸爸抱上去的。这样的人，自然不必费力去爬山，但这样的人也感受不到成功。因为他根本不知道山脚下是什么样子。

爸爸决定不了未来。因为爸爸总有老去的一天。当爸爸风光不再，就像非洲大草原上的落魄狮王一样，必须让位。狮王爸爸让了位，不强壮的小狮子还能风光到几时？不仅不风光，有时还特别悲惨。

这只是一个比喻。我们从不希望类似的事情发生。但是归根结底，小温室里长不出参天大树。有个既有钱又有本事的爸爸时不时地帮一把没什么不好。但你一定要明白并认可一个真理——人一定要靠自己，因为只有自己靠得住。

戴尔·卡耐基在他那本闻名世界的经典著作《人性的弱点》中，讲述过一个名叫雷纳·川伽的美国富二代的故事：

我（雷纳·川伽）的父亲不但事业成功，而且为人慷慨。从我上高中起，他便允许我随时用银行的账号开支票。上大学后，我更是精于此道了。我完全不知道钱的价值，更不知道要用什么方法去赚取，我只知道如何用父亲的账号去签写支票。

这样的生活一直继续到父亲过世。父亲给我留下了一块相当大、而且十分值钱的土地，位置就在密苏里河下游靠近莱新顿一带。我开始以农夫自居，但没多久，大萧条横扫全美，我的农庄开始呈现严重赤字。我抵押了一片土地去偿还债务，但不景气继续维持下去，使我不得不把那片抵押的土地以极低的价格卖出。后来，由于我的情况越来越糟，便又以同样的方法陆续把田地抵押并最终卖出去。

最后，算总账的日子终于来临了。我知道我已一无所有。假如我要继续活下去，得出去找一份工作——那是我以前从未做过的事。我苦不堪言，夜不能寐。直到目前，我唯一的技能是开支票，但这方法行不通了。我完全不知道应该怎么办。

一天早上，当我再一次从睡梦中醒来时，终于知道自己必须面对事实。我对自己说，滑雪橇的童年已经过去，现在你已长大成人，行事当然也要像个大人。起来吧，要起来工作！

除了面对自己的困境之外，我也开始寻找自己究竟信仰什么。以前，我一直人云亦云地认为美国是个充满机会的国度，只要努力，便能达到追求的目标。如今，虽然正值萧条时刻，工作机会不多，但我个人仍有一些长处。至少，我的健康状况良好，有一份大学文凭和一些商业知识，还有从失败和错误中得到的经验与体会。现在，我需要的是采取行动，而不是浪费时间去感叹自己的不幸遭遇。

我完全了解自己的生活和想法。对我来说，找份工作并不容易。但是我不能让自己颓丧下去，我必须强迫自己用信心来取代恐惧和疑惑。我要相信这个国家是个充满机会的地方，只要有决心，人人都可争得一席之地。就是这份信念，使我坚持了下去，绝不轻言放弃。

不久，我在堪萨斯市的一家财务公司谋得一个职位，并在那里愉快地工作了整整4年。后来我辞去职务，再度回到土地上。这一次，事情进行得顺利多了。我慢慢建立起自己的信用，并逐渐扩大事业的范围。我买进卖出，获得不少利润。感谢多年来失败给我的教训，这一次，我走上了成功路。我失去的产业，都被我再度赚了回来。我的努力没有白费。但更重要的，是我把这些宝贵经验都传给了两个儿子。这比单独只给他们财富要有意义多了。

如果单纯从经济学的角度说，像雷纳·川伽那样，生在富贵之家，有个富裕且慷慨的老爸，即使算不上绝对的幸福，至少也称得上“利大于弊”。至于其败家之举，纯属咎由自取。而生在平民之家乃至贫寒之家，当真就像某些早教机构所宣称的那样——会输在起点上？爸爸决定不了未来，他也不应该决定你的未来。没有人可以决定自己的出身，但无论起点如何，过程和结局总是由自己决定的。在这个浮躁的时代，我们都应该静下心来，忽视掉身上“富二代”或“穷二代”的笼统标签，既有的幸福，好好珍惜；没有幸福，就自己创造；不以财富为划分，不以现状看未来，争取让我们的孩子将来都成为“富二代”，而不是幸灾乐祸地庆幸富人“富不过三代”，心理阴暗地笑看穷人“一辈穷、辈辈穷”。

3. 当打击袭来，我们该做些什么

2013是个音乐选秀节目扎堆的年头，但说到吸引眼球，还得数浙江卫视的《中国好声音》与湖南卫视的《中国最强音》。在《中国最强音》北京站，有一个片段令人感慨。

一个叫彭博的选手，一个一度为家庭放弃自己的梦想，从歌手“沦落”为司机，如今准备重新走上舞台的人，多年来，一个人承受着各方面的压力，艰难地奔波在追寻音乐梦想的路上，却始终难以突破。

更令他不开心的是，他的老板、宝马车的真正主人，是个不太喜欢音乐的人，总是有意无意地伤他的自尊：“我老板在 K 歌的时候，有需要，他就给我打电话，说‘彭博，你上来唱一首’，我就上去唱了一首，我老板就会说，‘怎么样？我的司机唱得不错吧？好，下去吧’……”

用章导师的话说，“尽管我不是一个专业人士”，但我觉得他唱得真的很棒。那首令人伤心欲绝的《难以开口说抱歉》，让人不由自主地想一听再听：

我要怎么做才能让你爱上我？
我要怎么做才能让你在乎我？
当打击突袭，我该做些什么？
当我醒来时发现你已不在身边。
我要怎么做才能使你需要我？
我要怎么做你才愿意听我说？
当一切都结束时我该说些什么？
难以开口说抱歉。
悲伤，多么悲伤！
悲伤，多么悲伤的场景！
而且变得越来越荒谬！
悲伤啊，多么悲伤！
为什么我们不能好好谈一谈？
这对我来说，似乎难以开口说抱歉……

说实话，由于我的英语水平基本上停留在 ABC 的水平，所以我没听过几首英文歌。但这首彭博版的《难以开口说抱歉》，几乎让我一度升起立即恶补英文的念头。让我窃喜的是，我最佩服的罗导师与我最喜欢的郑导师都给了彭博一个肯定的“Yes”。一度，我以为这种窃喜还会蔓延下去。因为另两位导师章导师与陈导师，一开始对彭博的评价也很肯定。陈导师直接说：“你唱得很好听。”章导师也说：“我觉得你做司机真的太可惜了。”然而最为可惜的是，二人最后都给出了“No”。理由很简单，没有打动到他们。

这不是一个简单的“No”，而是当头一盆凉水。以至于在彭博转身离去时，罗导师对二人说：“他不错的！”声音中满是不解与惋惜。

我是在讽刺某些人吗？不是，我是在讽刺人生。这多像我们自己！我们那么努力，我们那么坚强，也并非完全没有才华，与各行各业大规模的混饭者相比，我们强得太多。但我们往往被一个“No”轻易否定，而那位决定我们命运的人，还往往是个非专业人士！

写到这里，我已经不仅仅是感慨，而是相当的愤慨了。而这也正是我不如彭博的一面。当听到决定自己命运的两个“No”后，他依旧淡定地说：“没关系，谢谢。”

真的没关系吗？怎么可能。他在唱歌前的短片中已经提到，为了参赛，他去向老板请假，老板不准，他直接对老板说：“您再找一个司机吧！我还是比较喜欢唱歌。”失去一份不开心的工作未必是坏事，更不等于失去退路，但属于他的前方，又在哪里？至少《中国最强音》没有告诉我们答案。而且，他已经32岁。他比过了关的很多人都更需要这个机会。尤其关键的是——他比很多人只强不弱。

但事实上，这也真的的的确确没关系。迪克牛仔不是到了不惑之年才成名的吗？阿宝、庞龙，都是在酒吧唱了十几年才出名，之前却一直默默无闻。最有说服力的是李宗盛，他在《阿宗三件事》中这样描述自己的早年经历：“我是一个瓦斯行老板之子，在还没证实我有独立赚钱的本事以前，我的父亲要我在家里帮着送瓦斯；我必须利用生意清淡的午后，在新社区的电线杆上绑上电话的牌子，我必须扛着瓦斯穿过臭水四溢的夜市……”

人生如歌，有欢歌，就有悲歌，诸如“泪如雨下”、“泪流满面”等感伤的词汇，用在歌词中效果很好，放到现实生活中就是另外一回事了，尤其是在失意时。毫不隐讳地说，我非常不赞同那些动不动就哭得稀里哗啦的人，尤其不喜欢那些“未语泪先流”的参赛选手。不管怎么说，生活不相信眼泪。当别人对你说“No”的时候，泪水能够改变得了什么吗？即使能改变，一个基于同情的“Yes”又有多大价值呢？《中国最强音》的导师们或许会在否定你的同时对你说声抱歉，但命运不会。所以，当打击突袭，我们一定要对自己说“Yes”！只有你自己能给自己一个最想要的“Yes”！心中有“Yes”的人，谁说“No”，都没有关系。

“没关系”不等于“无所谓”。生活中总有一些吊儿郎当的人，他们这也无所谓，那也无所谓，看似游戏人生，实则是浪费生命。用郑导师的话说，《中国最强音》寻找的不是大嗓门，而是最强大的心灵力量。力量从哪儿来？我认为从追求中来，从不屈中来，从越挫越勇中来。失败了，没关系，静下心来，反思自己，继续努力，或者说你只需等待识货的人出现而已。换句话说，“没关系”属于强大到一定程度的人。

将这一思路顺延至我们每个人的人生舞台上，也是如此。对于生活与热爱生活的人而言，我们不可能也不应该对一些失意无所谓。因为无所谓伤痛，也就无所谓幸福。热爱生活的人，一定要对某些事情有所谓。然而人生的路就是这样，在没有抵达成功前，迎接你的必定是千重磨难万重“No”，只有当你在别人的否定声中告诉自己没关系，同时加油努力死磕并最终突破了人生的瓶颈，鲜花和掌声才会属于你。

当打击突袭，记得对自己说“Yes”！

第一章

静心是一部书

1. 跟自然谈谈，跟自己谈谈

说起中国文化，人们必称“源远流长”，那么，中国文化的源头活水究竟在哪里、是什么？很多人认为是《周易》。尽管时至今日，仍有人认为，《周易》不过是本卜筮之书，是迷信，是糟粕，其实这是无视《周易》产生的时代背景与社会环境所致。文化是一个非常宽泛的词语，在文字都还没有产生的上古时代，算卦就是一种文化。更何况占测只是《周易》的一大功能，它其实囊括了天文、地理、军事、政治、科学、文学、农学、社会学等丰富的知识内容。古往今来，只要能读懂《周易》者，都能从中汲取到智慧的力量。

说《周易》是中国文化的源头，主要是因为它是中国哲学的源头。哲学是什么？说简单点就是指导人生的学问。而《周易》的核心哲学命题，便是影响了中国几千年的“天人合一”思想，说白了就是现代人常说的“人与自然、人与世界、人与社会的和谐”。

如何做到人与自然的和谐？我们举《周易》六十四卦中的睽卦为例：

睽卦六十四卦的第三十八卦，其卦辞是：“此卦占来运气歹，如同太公做买卖，贩猪牛快贩羊迟，猪羊齐贩断了宰。”其中的细节不必深究，但我们都知道，太公也就是姜子牙，未得周文王重用前是个很落魄的人，做什么买卖都赔本，所以总体来说，睽卦表示人生的不顺。不过稍通易理的人都知道，八八六十四卦每一卦都如同姜子牙的人生一样，并非不可逆转。就拿姜子牙来说吧，他之所以做买卖不顺利，主要还在于他根本就不是做买卖的料，或者说志不在此。把任何一个人放在并不适合他的岗位上，他都不可能太顺利。当然，人生的有些不顺是自己造成的，也有一些不顺是命运造成的。还说姜子牙，他之所以去做买卖，在于他的政治才能在荒淫的商纣王那里得不到认可。然而命运同样是可逆的，于是，姜子牙去了西周，并顺利地当上了周部落的二把手。所以一个人遭遇不顺时，完全不必自怨自艾，这时候最需要的是静下心来，好好想想，我到底是努力不够，还是定位不准，或者说只是因为没有遇到合适的人？

想明白了这些问题，还用得着算卦吗？事实上，我有时候认为，周易六十四卦不外乎一个古代版的《人生指导手册》，它把人生可能遭遇的种种具体情况大致一网打尽。当你遇到乾卦的局面时，就按乾卦的指导方法去行事；当你处在坤卦的境地时，你就去查查坤卦的“备注”……可惜的是，很多人遇事尤其是遇到不如意的事情时，往往心烦意乱，静不下心来，从而自己也搞不清楚自己的处境究竟如何。

我们接着聊睽卦。前面说过，失意是可以逆转的，但为什么有那么多人的失意难以逆转呢？是努力不够吗？未必。如睽卦的六三爻辞说：“见舆曳，其牛掣，其人天且劓。”这个场景用白话文讲大意就是说：

一个地位卑微的汉子（古时的奴隶或平民）赶着一辆牛车，走上了岔路口，汉子赶紧跳下车，想叫牛朝后退几步，但他不吆喝牛，而是用双手扳住车子向后拖。而牛没听到往后退的命令，仍拼命朝前走。于是，一个向后拖，一个朝前走，就在大路上顶起牛来……

毫无疑问，这不是牛的错误。牛不喝水不能强按头。爻辞中的汉子是不懂驾车之道，空费了不少蛮力，生活中的很多人则是不懂得驾驭生活，不懂得因势利导，把本来轻而易举的事情搞得越来越费劲，回头还要像那个跟牛较劲、跟牛生气的汉子一样，与世界较劲，骂老天不公，跟生活生气，看自己不顺眼。

六十四卦中的第四十八卦井卦的一个卦象也颇值得人们深思：村子里有一眼井，井水又清又甜。村民们每天来来往往到井上汲水，却不知道爱护。时间一长，井水中的泉眼被沉淀的泥沙堵塞住了。人们打不了水，围在井边吵吵嚷嚷，却不想办法去淘井，有人反而气急败坏地把汲水用的瓶子都砸了……

很多人经常有意无意地扮演"汲水人"的角色。面对"井里没水了"的问题，他们不是想办法淘井，而是犯起了牛脾气，气急败坏地摔了瓶子！这样做能吓得了井吗？井是没有思想感情的，时间长了不淘，必然会被泥沙堵塞，这是自然规律，摔再多的瓶子也无济于事。想喝水，及早把井淘清是唯一的办法。

生活中免不了问题，这很正常。有问题，就解决问题；只有当问题解决不了时，解决不好时，才是问题。

遇到问题，首先要冷静地看待它，研究它的来龙去脉。大自然的一草一木，社会上的一人一事，都有其基本规律、属性和诉求，研究透了，事情多半也就解决了。对于那些遇事冲动的人，首先要研究的不是这些，而是自己：问问自己，为什么这么爱生气？生气是有助于改变状况，还是会让简单的事情复杂化？这个问题到底有多难？解决不了又对我的生活有多大的影响？我自己到底能不能解决？我要不要请别人帮忙？等等。回答完这些问题，大多数人都能从理智的边缘走回来，即使暂时找不到解决办法，但总不至于人为添乱，让问题恶化。

2. 于无情处寻大美

如前所述,《周易》是中国哲学的源头，那么中国历史上首部完整的哲学著作是哪一部书呢？答案是《道德经》。所谓民族的就是世界的，早在唐朝时，玄奘法师就在将梵文佛教经典翻译成中文的同时，将《道德经》翻译成梵文，传播到了古印度地区。如今，《道德经》的各种译本不仅刊行世界，而且它还是除《圣经》之外发行量最多的文化名著。之所以有这么多的人喜欢《道德经》,用哈佛知名讲师泰勒的话说，就在于《道德经》是一门诠释幸福的学问。古今中外，有谁愿意拒绝幸福？

和现在众多阐释幸福的书不同，《道德经》并没有孤立地阐释幸福，或者简单喊几句口号，说这样做就能幸福，那样做就会幸福，而是在讲幸福的同时也讲不幸，是一门充满理性而不是一厢情愿的幸福辩证法。

天地无情，视万物为刍狗——这是《道德经》中的名句。所谓刍狗，就是用稻草扎成的小狗，在古代，它具有特殊功用——祭祀。祭祀是一件很严肃很庄重的事情。在这种场合，它被赋予了特殊的象征意义，已不再是一个普通的稻草扎成的小狗。然而一旦祭祀过后，稻草便恢复了它的本质，不再被人顶礼膜拜，而是被人遗弃，遭人践踏，最终和其他普通的稻草一样被焚烧掉。既说“万物为刍狗”，自然也包括我们人类。“天地无情”即天地不是生命，无血无肉无思想，就如同不能指望一块石头理解我们人类的思想感情一样，我们也不应指望天地具有人的感情，尤其是对人类有益的悲悯情怀。换言之，老子是让我们正视自然规律，不要明知“天地无情”却还要在此基础上进一步自伤自艾，自我折磨。当然，如果一个人能做到像天地一样，对世界上的万事万物既无爱、亦无恨，以一种平和博大的胸怀容纳别人也容纳自己，就更可能获得老子的认同。事实上，这也是老子讲“天地无情，视万物为刍狗”这句话的终极意图。而道家学派的另一宗师庄子则直接挑明道：“天地有大美而不言，四时有明法而不议，万物有成理而不说。”天地固然无情，但天地亦有大美。过于悲观的人，只会抓住无情不放；过于乐观的人，又总是忘情于天地的大美。只有既能正视天地无情又能理智看等天地大美，于无情处寻大美、于大美中见无情的人，才是真正成熟的人，也即老子眼中的“圣人”，庄子心目中的“逍遥的人”。

再比如另一众所周知的名句：“人法地、地法天、天法道、道法自然”，笔者认为，其中的“人”，泛指整个人类社会，也泛指人间的大事小情，概而言之为生活。“地”，泛指环境，包括地理方面的，也包括社会层面的。“天”，一方面表示一个更大的力量，因为天决定了地的面貌，下雨多的地方就成了江南水乡，下雨少的地方则成为戈壁荒滩；另一方面则是指带有神秘色彩的“天命”，泛指一切人类无法控制的力量和未知的领域。“道”，简单地说就是世间万事万物运转的规律，包括日月星辰的运行、生物的生老病死，等等。而“自然”，就是指规律赖以运行的载体，即物质世界的总和，俗称“大自然”。

这四句话整体来说，就是一个人活在世上，要根据自己所处的环境，根据自己的条件恰到好处地去生活，去工作，去处理大事小情。对于人力可以改变的事情，应该尽量去做。有些事情，人力无可奈何，那就只能坦然接受。但所谓“人力无可奈何”的事情也不全是一成不变的。万事万物都在变化中，随着时间的推移，很多原本不可能的事情往往会变得可行。我们不能把自己的懒惰和无能简单地归结于天命。我们要在顺应事物的客观规律的基础上，另寻出路。之所以说“在顺应事物的客观规律的基础上”，是因为另寻出路并不表示一定有出路，至少不表示立即就有出路，也就是说要时刻做好被生活打击的心理准备。有了这样的心，成功了、改善了，固然好，不成功，也不会太过于受挫。

又比如已经被格言化的“祸兮福之所倚，福兮祸之所伏”，现代人提起它，往往把注意力集中在前半句，同时刻意忽略后半句，即只要“祸”最终能转化为“福”，那么开头或者过程中有些“祸”，人们还是可以接受的；而如果最后的结局是“祸”，那么不管一个人在过程中收获了多少“福”，在人们看来那也是大大的不幸。应该说，这是人性趋利避害的本性决定的。然而老子此言的要旨，也正是让人们破除这一人性的弱点。老子并不仅仅是简单地告诉人们，在幸福中要看到祸端，在灾祸中要看到希望，而是说人的眼睛不应聚焦于一点，而应把一切事物视作一个循环系统，认识到一切事物时刻都在变化之中，且有其变化规律，好与坏，福与祸，都是客观规律使然，要淡定地对待一切好事，也要豁达地看待一切不如意，而不是让它们左右自己的心情。

当然，关于《道德经》与《庄子》，以及我们上一节谈到的《周易》，接下来将要谈到的《论语》、《中庸》等儒家经典，都不是我们这短短一篇小文所能说明、讲清的，本书中所讲的也难逃以偏概全、断章取义之嫌，其中亦不乏一家之言，想要了解其中的真谛，还需要您切切实实地静下心来，结合自己的生活，好好研读一下原著。

3. 尽人事，顺天命

现代人常说，“伟大都是委屈撑大的”，这句话用在孔子身上再恰当不过。我们知道，孔子虽然是一个含着银汤匙出生的富二代，但这种优越环境没持续多久，便因其父叔梁纥去世而一去不复返。孔子十几岁时，为养家糊口，也不得不出门打工。但孔子从未放弃过学习，他几十年如一日的研究做人做事、治国平天下的道理，终于有所成就。可惜在礼崩乐坏的春秋末期，他这种思想过于理想化，当时既无人了解它的价值，也无人愿意发自内心地奉行这些价值观。年过五旬才出仕为官，但没几天，就因过于正直，触动了权贵利益被轻松拿下。周游列国十数年，没有一个国君愿意诚心实意地聘用他。某些小人还把他当成危险人物，明枪暗箭，屡次中伤。就连一些隐士也瞧不起他，讽刺他为丧家之犬。然而孔子并不像某些现代人那样，自认为“生得伟大、活得憋屈”，亦不把自己的失败归结于外因。有学生为他抱不平、为自己发牢骚时，他总是说：“不患无位，患所以立。不患莫己知，求为可知也。”意思就是：“你们别怕没有官位、不能闻达，只需担心没有安身立命的本领。也不要担心没有人了解自己，只有具备真才实学的人，才值得别人去了解。”单凭这一点，孔子这“万世师表”的名号就当之无愧。

孔子最终没能达到自己追求的理想境界，是比较失意的。对此，孔子没有抱怨，但有过感慨，即《论语》中的：“不怨天，不尤人，下学而上达，知我者其天乎！”这话译成白话文就是：“我这辈子从不抱怨命运，也不怨尤别人，通过勤奋学习，掌握了丰富的知识，悟出了高深的道理，但现在看来，理解我的恐怕只有苍天！”想想看，“身怀绝技且心怀天下的孔子举目四望世上却没有人理解灵魂上是多么的郁闷？然而这只是我们的猜度。孔子或许一度有过郁闷，但绝不会持久，更不会使其升级、恶化。这一点，我们可以从其对待财富的态度中找到一些侧面信息。孔子说：“富而可求也，虽执鞭之士，吾也为之；如不可求，从吾所好。”意思是说：如果财富（或者说是富贵）合乎于道，就可以去追求，即便是做给人执鞭的下等差事（当时的观念），我也愿意去做。如果财富（富贵）非要以“放下身段”为代价，那我还是干点自己喜欢的事儿吧！孔子喜欢的事是什么呢？研究学问，教书育人。

类似的信息，在孔子对待弟子们的态度上也有所体现。孔子一生教授了弟子三千，贤者就有七十二位，但孔子最喜欢的还是颜回。孔子曾经在众弟子面前夸奖颜回：“贤哉，回也！一箪食，一瓢饮，在陋巷，人不堪其忧，回也不改其乐。贤哉，回也！”之所以如此，在于颜回在本质上与孔子是一类人，是宁肯饿死也不肯追求不义之财、无道之位的人。相反，孔子的另一弟子冉求，虽然才学和政治、军事才能都很棒，在孔子回国一事上也出力不少，但孔子并没有对他另眼相看。后来，孔子还公开宣称：冉求不是我的徒弟！并号召众弟子敲着鼓臭骂冉求。而原因不外乎冉求帮助鲁国实质一把手季氏进行田赋改革，乘机聚敛财富。

孔子和弟子们受困于陈蔡之间，一连几天吃不上饭时，其得意弟子之一子路也曾愤怒地问孔子：“难道像老师这样的君子要落个穷困饿死的下场吗？”（君子亦有穷乎？）孔子说：“君子之所以称为君子，就在于他们穷困时也能恪守道义。而小人之所以称为小人，则在于他们穷困时便会放弃原则，胡作非为。”（君子固穷，小人穷斯滥矣）

这就是孔子。他从不反对富贵，也不反对发财，相反还是个古代版的励志大师，但他永远知道自己的底线在哪儿，并能一如既往地坚守，且不为自己的选择后悔。世道不公、社会黑暗，也不能使他愤世、偏激。这也正是后世儒家子弟在《中庸》中所总结的儒家子弟应具备的“尽人事，顺天命”的人生观：努力去追求自己的理想，尽量去实现自己的人生价值，如果实现不了，不外乎两方面的因素——内在因素与外在因素。如果是自己的缘故，即自己努力还不够，还不是块金子，至少还不是块纯金，就要静下心来，正视自己的不足，提高自己的含金量。是金子，迟早会发光。如果是外在因素，也要静下心来，别去搞什么“曲中求”，也不必太难过，因为能成为金子，本身就是莫大的成就。埋在土里、发不出光的金子，还是金子。越是埋在土里，我们越是需要保持一颗金子般的心。不然，一个人发光之日，也就是他开始发霉之时。

4. 心开了，也就开心了

在中国，说到读书，必然绕不过佛家经典。事实上，在中国历史上，各类佛家经典如《金刚经》、《坛经》、《四十二章经》、《百喻经》等，是知名度及刊印量仅次于《道德经》的文化名著。之所以称其为“名著”，而不是“经书”，在于它们首先是一部文化典籍，其次才是一部宗教经典。说到静心，更不能不提佛家经典。因为静心本是佛家的入门课。而且，无论是“人在棘中，不动不刺。心在红尘，不动不伤”等经典格言的广为流传，还是“风动幡动，仁者心动”等禅门公案的脍炙人口，抑或是民间与之相关的口耳相传的佛教传说，都从侧面说明，静心不仅是佛家的入门课，也是我等凡夫俗子们的重要一课。

有人说，念经、抄经能让人静心，我并不这么认为。什么叫佛？说白了就是觉悟者。如果不能通过读经了解、掌握相应的智慧，即便能静心，也是表面的静，难以持久的静。至于抄经，它仍然只是一种形式，那些通过抄经而得到了心灵滋养的人，练习一下书法，写写其他的字，多半也能取得宁静心灵、陶冶情操的效果。读经，本质上还是读书，与读其他任何书没什么区别，关键还在于了解其内容，汲取其思想。

有鉴于佛教经典众多，其内容更是博大精深，一一探讨既不现实，也无必要，我们不如从下面这个有针对性的禅门公案（汉传佛教禅宗的小故事）入手，挖掘一些现代人亟须的正能量：

佛教史上的著名禅僧云门文偃，有一次问诸弟子："大家参禅已经很久了，相信心里都有所领悟，只是深浅不同，不过没什么关系，参禅就是一种修炼，修炼到一定程度，才有顿悟入佛的那一天。现在我想问大家一个问题，测试一下大家的修为。你们开悟前的情况我不管，我只问开悟之后的情况是什么样的？你们谁能告诉我？"

众弟子默不作声，很久都没有人出来回答问题。禅师心知大家悟性还浅，都回答不了，便自问自答："开悟之后的日子，每天都是好日子。"

众弟子听后都点头称是，其中不少人因此大大精进了一步。

什么叫参禅？这个概念很难把握。甚至于单是"禅"之一字，我们就没法解释清楚。禅，玄之又玄，但绝非羚羊挂角，无迹可寻。无论禅有多玄，它都必须建立在"好好生活"的基础上。同样，如果有一种信仰让人与快乐、幸福、好好生活等概念背道而驰，那么它就是毫无疑问的邪教。

我们之所以从禅宗入手，在于禅宗在中国，早已超出了佛教的范畴。参禅，绝不仅是佛门子弟的事情。在中国历史上，包括唐代大诗人王维、白居易、孟浩然，宋代大文学家苏东坡在内的很多士大夫，或者叫知识分子，都是禅道中人，亦有大量上佳的禅诗禅作传于后世。在普通百姓中间，人们不也常有“口头禅”的说法吗？禅宗的影响可见一斑。

另外，选择禅宗入手，还在于它尤其讲究“顿悟”。所谓顿悟，简单来说就是让人在刹那间领悟。这固然需要一定的根器，但很多时候，它并非不可捉摸。比如上面故事中的禅师所说的，“开悟之后的日子，每天都是好日子”，就很容易理解——幸福跟着快乐走，快乐跟着心态走。只要心态好，日子便不愁好不起来。

当然，人生并非只有好日子。有些日子的确糟糕，有些糟糕甚至无法改变。但生活越是糟糕，我们便越是需要好心态。佛教讲究静心，而禅宗不仅讲究静心，还讲究“转心”。所谓“转心”。无非就是让人调整心态，在不如意中尽量保持乐观、保护高昂的斗志。

说得再简单些，“转心”就是让人学会把坏事看成好事，在不好中寻找好。只要找到那个点，心情就会好，心情好了，事情往往也会改观。退一步讲，就算事情未出现改观，但生活绝对会向着快乐的方向前进。

“顿悟”，首重一个“悟”字。而悟的前提，则是打开心胸。人世间的事情，只要往开处看，再倒霉的事情也没什么大不了。若是悲观沮丧，平平常常的小事也会压得人喘不过气来。换言之，人们之所以不快乐，不开心，不幸福，未必是生活本身有多不幸，而是因为他们的心灵封闭。心开了，也就开心了，这是个大多数人觉得简单但却不明白的道理。

关于禅宗，关于禅，这里只需记得：“开心”一词，是形容词，也是动词——想开心，先打开自己的心！

第四章

静心是一幅画

1. “圣人”不问出处

在中国古代，先后有三位艺术家被称作“圣人”，其一是“书圣”王羲之，其二为“诗圣”杜甫，其三就是“画圣”吴道子。

王羲之的书法与杜甫的诗句有目共睹，自不必提，吴道子的画艺精湛到什么程度呢？专业的话不必讲，只需讲一个传奇：据说有一次，吴道子去南方云游，路遇一寺院，欲讨杯茶解渴，结果寺院的僧人对他不太礼貌。吴道子很气愤，便随手在寺庙的墙壁上画了一头驴子，然后离去。不料当天晚上，他画的驴子竟变成了真驴，且愤怒异常，满屋尥蹶子，把僧人的器具践踏得乱七八糟，一片狼藉……画作变成实物，这固然是一种传说，但却反映了吴道子确有传神之笔。

说到绘画与著名画家，人们会自然而然地想起小学课本中的“神笔马良”。当然，世界上不会有所谓的“神笔”，“神笔”与善良的小马良都是善良而又无奈的劳动人民的一种期盼。我们所熟知的“田螺姑娘”等传说的深层次渊源也不外如此。吴道子的出身与马良也相差无己。史书上说，吴道子自幼失去双亲，少年时代便独自谋生，个中艰难可想而知。

那么吴道子是怎么从一个孤苦少年成长为一代画圣的呢？这里有一个传说：

话说吴道子十余岁时，家乡遭了大灾，本就孤苦的他这下连要饭也没处要了，只好背上简单的行囊，背井离乡，出外讨生活。一天傍晚，吴道子路经河北定州城外，突然发现前面有一座雄伟壮观的寺院，便信步走了进去。入得寺中一看，一位年迈的老和尚正在聚精会神地画壁画。吴道子很好奇，便轻轻走过去，站在老和尚身后看他画画。稍时，老和尚发现了他，见他看得出神，便问："孩子，你喜欢画画吗?"吴道子点点头。老和尚又问起他的身世，得知他是个孤儿后，便说："你要是愿意学画，就做我的徒弟吧。"就这样，吴道子有了住处，也有了师傅。

第二天，师傅把吴道子领到后殿，指着空白的墙壁说："我很早就想在这上面画一幅《江海奔腾图》，总也画不出真水实浪的感觉。明天我就带你去各地观看江河湖海，你就从画水开始学起吧!"吴道子欣然同意。此后，无论走到哪里，师傅都让他画水。一开始，他还很认真。时间一长，就觉得有些烦了，也就不那么用功了。师傅看在眼里，告诫他说："孩子啊，要想学好画，非下苦功不可，非从头学起不可，你看看我这些日子的画。"说着，师傅打开自己的画箱，只见里面满是画稿，但没有一张是完整的，全是一朵浪花、一层水波之类……经此一事，吴道子彻底摒弃了心中的浮躁，每日起早睡晚，学习各种绘画基本功。

光阴似箭，一晃三年。吴道子各方面的功夫都很有长进，尤其是画水，令师傅非常满意。万没想到，刚刚返回寺中，师傅竟病倒了，且病情一日重过一日，眼看《江海奔腾图》无法完成了。这时，吴道子自告奋勇，说愿意代师傅完成心愿。师傅听了这话，很是欣慰，当下病竟好了一半，人也有了精神。此后，吴道子走进后殿，整整一年，吃住都在里面，只为一幅《江海奔腾图》。

终于，吴道子走出后殿，众知《江海奔腾图》已经完成，并请师傅和众师兄弟前往观看。师傅听后，病情竟好似一下子痊愈了，他沐浴更衣，领着所有的弟子一同前往后殿观赏。孰料吴道子刚把后殿大门打开，突然间只见波涛汹涌，扑面而来！走在最前面的一个小和尚大声惊呼："不好了，天河决口了！"转身就逃，众和尚听罢，吓得你推我挤，争相躲避。唯有老和尚哈哈大笑："跑什么！真正的洪水是有声音的，你们看到的不过是吴道子的《江海奔腾图》！"说罢，转身望着吴道子，露出了欣慰的笑容。不久，这段轶闻传遍天下，前往寺中观赏、临摹《江海奔腾图》的人络绎不绝。而吴道子画名虽显，却不骄傲，经过进一步的刻苦努力，终成名垂青史的"画圣"。

由于吴道子的画名太盛，历史上关于他的传说还有很多，但还是那句老话——立足点都是赞颂其传神之笔，值得一提的是江淹的"五色神笔"：南北朝的江淹，相传小时候曾做过一个奇梦，梦见有人送给他一支五色笔，因而少年时代便文采飞扬，名扬于世。过了十几年，江淹又做一梦，梦中一个自称郭璞的男人对他说："先前借给你的笔，该还给我了。"江淹便从怀中拿出五色笔，交与郭璞。此后便再也写不出好文章，遂有"江郎才尽"之说，至今仍为文坛掌故。"江郎才尽"，一语道出了真谛：世上哪有什么神笔？世上只有真才实学。而才学，只能从刻苦中来。有人总用"天赋"这两个字为自己的不思进取找借口，其实静下心来想想，世上并无绝对的天赋。就拿吴道子来说吧，他的绘画天赋从哪儿来？历史上连他的父母是谁都没说。或者，吴道子把他的天赋遗传给他的后代了吗？历史上同样没有交代。只有一个吴道子，只有一个画圣。

文坛与画坛差不多。李白是诗仙，但谁听说过他父亲、他儿子写诗也不错？英雄不问出处，只问付出。肯付出，一切皆有可能。不付出，或者付出少，有天赋也是浪费。

此外，吴道子的故事也验证了这样一个规律——想发芽先钻到土里去。很多人都佩服那些成功人士，都想有一番作为，但任何作为都是建立在牢固的基础上的。吴道子是从画水开始的，达·芬奇是从画鸡蛋开始的，而且他们也曾像大多数浮躁的年轻人一样，对那些不起眼且枯燥的基本功心生厌烦。好在，他们都遇上了一位好导师。所以，无论干什么，先要像种子一样，把心态放低，放到无限低，并向更低处扎下自己的根。根深，才能拔地参天。

还有一些人迷信智慧。其实，智慧很大程度上也产生于勤奋。成功不可复制，因为大多数成功的道理与经验，也即很多人迷信的智慧等，都是成功人士在勤学苦练、不断实践中自己总结出来、领悟到的，有些甚至是只可体会、不可言传的。不经过那个过程，打破脑袋也想不通，怎么静心都没用。真正的静心，不是简单地坐在沙发上白头搔更短，东想西琢磨，静心，有时候意味着寓静于动，有时候还意味着动静结合。那些渴望成功却始终不得其门而入的人，尤其应该静下心来，品味一下其中的道理。

2. 不疯魔，不成活

最早听到“不疯魔，不成活”这句话，是在陈凯歌导演、张国荣等人主演的电影《霸王别姬》中。其实，这句话本就是戏曲界的一句行话，指的是一种全心全意投身其中的职业精神。更深一步讲，它是一种境界，一种极痴迷的境界，如同着了魔一样，深陷其中，忘我付出。

古往今来的艺术大师中，不乏疯魔之辈。北宋画家米芾就是其一。米芾绰号“米颠”，诗、书、画俱精，也是“北宋四大书家”中首屈一指的一位。不过他这“米颠”的绰号，主要还是拜其另外两个兴趣爱好——砚台和奇石所赐。据说有一次，皇上宋徽宗想见识一下米芾的书法，米芾笔走龙蛇，一挥而就，宋徽宗看后觉得果然名不虚传，大加赞赏。米芾见皇上高兴，也不顾墨汁飞溅，当即一把将皇上心爱的端砚揣入怀中，说："此砚臣已用过，皇上不能再用，请陛下赐予我吧？"皇帝见他也是爱砚之人，又爱惜其书法，当即大笑着赐砚予他。而米芾回家之后，居然抱着这块砚台共眠数日！又有一次，他在安徽某地做官时，当地有一块奇形怪石，迷信者称其为神石，米芾听说后当即前往观赏，爱其形状，当即命人将其搬进自己的寓所，并摆好供桌，上好供品，向怪石下拜，口中并念念有词"我想见石兄已经很久了"云云。此事传开后，不仅被人视为疯癫，还被人以有失官方体面为由弹劾而罢了官。米芾却不以为意，后来还作了《拜石图》传诸后世。这在他的官场同僚们看来，不仅是疯癫，简直就是冥顽不灵。

当然，米芾能够留名青史，主要还在于其艺术成就，而这与其"疯魔"的精神也不无关系。米芾的诗书画中，书法成就最大，也用功最深。米芾自称自己的作品是"集古字"，说白了就是集古代书法大家的优点于一身，这自然需要其在临摹、学习古代各大书家方面下很大工夫。爱好书法者都知道王羲之"临池学书"的典故，其实，米芾也是个每日临池不辍的人，而且到了一日不书便觉得不对劲的地步，因此，哪怕是大年初一，米芾也不忘写字，当真不是寻常人所能理解的。

东晋大画家顾恺之虽不疯癫，却是个"痴人"。相传，顾恺之有三绝，"才绝、画绝、痴绝"，其中又以"痴绝"最为有名。据说有一次，担任公职的顾恺之与另一才子谢瞻一起当值，晚上，顾恺之无心睡眠，就披衣而起，踱步院中，他眼望皓月当空，不由得诗兴大起，当即大声吟起诗来，也没睡着的谢瞻隔着窗户听到后，就称赞了他两句。这一赞可不得了，顾恺之大受鼓舞，愈发忘我，一首接着一首，简直就是个人诗歌朗诵会。他吟完一首，谢瞻就叫一声好，满以为他吟个几首也就结束了，谁知顾恺之却没完没了。几个小时之后，谢瞻实在困得睁不开眼了，又不忍心扫顾恺之的诗兴，就找了个仆人替自己叫好，自己眨眼进入了梦乡。而顾恺之居然没有意识到听众都已经换了，还在称赞声中继续吟诗不绝，直到天亮才告一段落。尽管历史上没有留下顾恺之作画的“疯魔”镜头，不过想想，其对吟诗这一副业尚有如此劲头，对待自己的专业——绘画，想来也不会太“正常”。

事实上，正如国学大师王国维在《人间词话》中说：“古今之成大事业、大学问者，必经过三种之境界”，其所谓的三种境界，归结起来无非两个字——执着。而米芾的颠，顾恺之的痴，以及其他古往今来、国内国处、各行各业中有所成就的人们的疯狂精神，都可以视作执着中的执着，即“疯魔”的具体表现。

“疯魔”，是不是与我们的主题“静心”相矛盾呢？不。“疯魔”主要是指一种投入、沉浸其中的状态。当一个人真正投入一件事情当中时，他的心反倒是最平静的。相反，有些人，尤其是那些无所事事的人，表面上看起来也挺安静，但往往因为无聊胡思乱想，烦恼不断。可以说，“疯魔”是“静心”的极致状态。这有点类似于爱因斯坦的“相对论”，只有真正投入过一件事中的人才会懂。

另外，“疯魔”并非全与性格相关。即使是在普通人身上，也不乏类似的精神。所不同的是，大多数人的“疯魔”是无意识的，是人性的弱点直接导致的结果。换言之，人们往往习惯于或者说总是不自知的在不该“疯魔”的地方“疯魔”，而对正事，却往往提不起精神。戴尔·卡耐基曾经举过一个小例子：有一个名叫爱丽丝的小姐，下班后，无精打采地回到家，筋疲力尽，累得连饭都懒得吃，只想上床睡觉。在母亲的再三劝告下，她才勉强坐到桌前。突然，电话铃响了，是她的男朋友打来的，他约她出去跳舞。爱莉丝的眼中顿时放射出光芒，精神瞬间振奋起来。她飞快的冲上楼，换上心爱的衣裙，一阵风似的冲出了家门。午夜时分，按说应该累上加累的爱丽丝小姐回来后，非但不再感到疲倦，反而兴奋得睡不着觉了……相信每个人在生活中都认识一两位“爱丽丝小姐”，或者说我们本人就是她的翻版。玩起游戏来，看起电影来，K起歌来，打起麻将来，聊起花边新闻来，我们比谁都投入，都忘我，都在行；凡是跟娱乐沾边的，我们都感兴趣，唯独对工作不感兴趣，甚至提起来就头疼。所以说，“不疯魔，不成活”这句话必须辩证地去看待：在不该“疯魔”的地方“疯魔”，“疯魔”过度，最后别说“成活”，连生活恐怕都成问题。

3. 执着，切莫执迷

明代的周元素是个官宦子弟兼业余书画家，他能够名显后世，主要是因为他有个呆头呆脑的笨书童——阿留。阿留笨到什么程度呢？同时代文人陆容在《阿留传》中写道，有一次，周元素命阿留打扫卫生，但他拿着扫帚忙活了半天，也没扫干净一间屋子。主人冲他发怒，他也发起了脾气，把扫帚一摔，说：“你自己会做，干吗要麻烦我？”还有一次，周元素外出访友，命阿留看家，特意嘱咐如果有人来访一定要记下他的名字，但周元素回来后，阿留却说：“你走这些日子，来过一个又矮又胖的，又来过一个长胡子的瘦子，还来过一个长得很帅的，还有一个拄着拐杖的……后来的，我想自己反正也记不住，干脆关上大门，拒不接见。”有一天，周元素家的床腿坏了，便命阿留去砍一根合适的根枝来。阿留拿着斧子，在树林里转了整天，却空手而归，告诉主人：“树枝都是向上的，而床腿是向下的，一个合适的也没有。”

某年春，周元素在家门口插了几株新柳，担心邻居家的小孩子摇动，就让阿留在旁边守护。阿留中午吃饭时，担心自己一走，小孩就会来捣乱，竟把柳枝都拔出来藏进屋里……

以现代人的眼光看，这个叫阿留的书童，十有八九是个智障者，早已超出了笨的界限。然而，正所谓老天爷饿不死瞎家雀，上天不仅赐予了阿留一个仁慈宽厚的主人，还赐给阿留了一个很多人练习多年也未必能拥有的能力——调色。有一天，周元素一边调色，一边逗弄阿留："这个你能不能干?"谁知阿留竟说："这有何难?"说罢提笔染磨，作起画来，只见他运色有浓有淡，参差均匀，就好像他原本就会似的。周元素惊讶之余，又试了几次，都很满意，此后便专门让阿留给自己调色，一辈子也没辞退他。

作者在文章中感叹道，痴呆无比的阿留，本来是个"杯具"，最终却成了一定意义上的幸运儿，全因周元素能容人、能识人。相较于世界上那些怀才不遇的人，阿留就显得更加幸运了。

的确，古往今来，这个世上总是有那么多怀才不遇的人。然而不必过多感慨，我们前面已说过，有才，本身就是一种成就。而阿留的故事则从侧面告诉我们这样一个逻辑：一个人能否在某一领域取得成就，尤其是在艺术领域，在一定程度上取决于他是否有相应的天赋。

近代就有不少类似的例子。比如奥托·瓦拉赫，这位诺贝尔化学奖获得者，最初上学时，其父母很希望他能从事文学创作，然而一学期结束，老师对他下了这样的评语："该生很用功，但过分拘泥，这样的人即使有着完善的品德，也绝不可能在文学上有所成就。"于是父母又安排他学油画，可美术老师发现，他既不关心构图又不喜欢调色，对艺术的理解力也很差。好在他的化学老师发现了他的优点：做事一丝不苟，具备做好化学实验应有的品格。于是他又改学化学，这一次，他的智慧火花终于被点燃。

类似的事情我的一位同行朋友也遭遇过：他从小喜欢音乐，小时候放羊，都不忘拣两根小树棍，对着羊群学指挥。然而他天生五音不全加破锣嗓子，虽然下过不少苦功，始终没有改善，最后“认了命”。改学绘画，但明显缺乏相应的细胞，很多小朋友一学就会的技巧，他练好久也画不像。最后在几个朋友劝说与引导下，从事文学创作，虽说至今仍未取得世俗意义上的成功，但却已彰显出不俗的潜质。

著名漫画家朱德庸的故事更具说服力。他曾在一次演讲中说：“我相信，人和动物是一样的，每个人都有自己的天赋。比如老虎有锋利的牙齿，兔子有高超的奔跑、弹跳能力，所以它们能在大自然中生存下来。人也是一样的，不过很多人在成长过程中把自己的天赋忘了。就像有的人被迫当了医生，他可能是怕血的，那他不会快乐，更不会成功。人们都希望成为‘老虎’，但很多人只能成为‘兔子’，久而久之就成了‘四不像’。我们为什么放着很优秀的兔子不当，非得要当很烂的老虎呢？社会就是这样奇怪，本来兔子有兔子的本能，狮子有狮子的本能，但是社会强迫所有的人都去做‘狮子’，结果出来一大批烂‘狮子’。我还好，天赋或者说本能没有被掐死。”

朱德庸是有感而发。按照一般人的思维，20多岁就红透宝岛的他，上学时成绩肯定很好，但他实际上是一个典型的差生，甚至差到了像个皮球似的被学校踢来踢去，到最后连最差的学校都不愿意接收。

回想起那段日子，朱德庸说：“我的求学过程非常悲惨！学习障碍、自闭、自卑，只有画画使我快乐。外面的世界我没法待下去，唯一的办法就是回到自己的世界，因为这个世界里有我的快乐。在学校里受了老师的打击，我敢怒不敢言，但一回到家我就拿起笔丑化他，然后心情就会变好……开始我也像老师一样认为自己很笨，后来才明白自己不是笨，是有学习障碍。我发现自己天生对文字反应迟钝，接受起来非常困难，但对图形很敏感……幸运的是，我的父母从来不给我施加压力，一直让我自由发展。见我喜欢画画，爸爸经常裁好白纸，整整齐齐订起来，给我做画本。如果我的父母也像学校老师一样逼我学习，那我肯定要死。每个人都有天赋，但有些人的天赋被他们的家长和社会环境遮盖了，进而就丧失了。我很感谢我的父亲，在我把全部精力投入绘画时，父亲非但没有阻止，反而大力支持我。”

“不疯魔，不成活”——“疯魔”应辩证地去看待，不要在不该“疯魔”的地方“疯魔”。“疯魔”不仅应辩证看待，还应理智看待。把“疯魔”精神用到正事上，人就一定会取得相应的成就。尺有所短，寸有所长，理想、勇气、毅力固然重要，但更重要的是，在发力之前，要找到真正适合自己的发力点。古人说：男怕入错行，女怕嫁错郎。如果你是李逵，就不要去学绣花；如果你是黛玉，千万不要从军。在准备踏足某一领域尤其是踏足那些与艺术相关的领域前，首先应该问问自己：我到底是因为比较适合做这一行，还是仅仅因为我比较喜欢这一行？如果是后一种情况，那你最好只把它当作一门业余爱好。

同理，对于“静心”的理解，也应理智、全面、立体、客观。有时，静心仅仅意味着思想上的超脱，灵魂上的安宁，对生活保持一种浪漫情怀，有时候，则意味着一种冷静、务实的精神。具体到我们本节，那就是在择业上面，不要迷信“兴趣是最好的老师”这句话。事实证明，如果没有相应的天赋，做不出效果，要不了多久，大多数人都会恨上那个行业。而那些已经踏足某一领域且相当执着但结局也相当令人遗憾乃至看不到一点希望的人，更应该想想，自己究竟是执着，还是执着过了头——执迷？

4. 生活是最大的艺术

据说有一次，俄国大画家列宾与一个朋友在雪地上散步，二人边走边谈，对着美丽的雪景赞叹不已。走着走着，这位朋友突然停了下来——前面不远处有一摊牛粪，朋友觉得这块污迹实在有损美丽的雪景，让人心情不爽，于是他挑起鞋尖用旁边的雪盖住了牛粪。谁知列宾却说："你怎么把这么美丽的一片琥珀色给破坏了呢？这几天以来，我一直都在欣赏它，今天你却把它给毁了。"

朋友眼中的牛粪，在画家看来却成了美丽的琥珀色，这不仅表明了列宾独特的审美观，同时也表现了他那积极乐观的生活态度。与那些乏味的人相对，在列宾眼中，整个世界都是明亮的。当然，世上固然有不明亮且相当灰暗之处，但世界原本就是多元的。莫说世界不是童话世界，即使是童话世界中，不是也有种种恶魔和坏蛋吗？不必悲观，太阳上也有太阳黑子。不要因为看到一团牛粪，就质疑整片雪原的美。

记得上学时，笔者的一位美术老师说过："什么叫美术？简单来说就是美的艺术，确切地说就是追求美的艺术。"人要学会用艺术的眼光看世界。简单来说，即使给你一幅假恶丑的画，你也要从中挖掘出真善美来。否则就不能称其为艺术家。就算给他冠以艺术家的头衔，他的艺术对社会也是没有太大益处的。艺术家的主要社会职责，就是从灰暗中看出光明，温暖世道，鼓舞人心。

事实上，美与丑，往往是一体的，丑往往伴随着美，美往往潜伏在丑背后。所以，艺术的眼光，换而言之，就是全面地看世界，辩证地看世界，并尽量多看世上积极的那一面。比如秋天，提起它，人们想到的无非是“秋风瑟瑟”和“硕果累累”两方面，而有些人只看前者，不看后者，那结果也只能是像歌中所唱的那样——就算给他一个明媚的春天，他也不会觉得拥有花朵。

生活是最大的艺术，且不同于任何学术意义上的艺术。任何学术上的艺术，都离不开独立不倚、精益求精的精神。而生活的艺术，很多时候恰恰与此相反，讲究大智若愚，求同存异。古往今来，一些天纵其才的艺术家，生活不如意，结局很悲惨，很大程度上就在于他们往往把艺术与生活混为一谈。“元四家”之一的倪瓒就是其中一位。

倪瓒好洁成癖，史书上说，他的笔墨纸砚每天都有专人清洗好几遍。倪家门前有两株梧桐树，每天也有仆人早晚洗刷。仆人担水归来，倪瓒总是用前边一桶水烹茶煮饭，用后边一桶水洗脚，原因则是担心仆人担水途中放屁将后边的水污染。有一次，好友徐某登门拜访，夜宿倪家，倪大画家如临大敌，千叮咛万嘱咐其注意卫生不说，晚上还起来视察了好几次。刚刚睡下忽然听到朋友咳嗽一声，于是担心得一夜未睡。次日朋友刚走，倪大画家便命众仆从寻找徐某昨晚的痰迹，也许徐某的咳嗽本是干咳，众仆从找了半天也未找到半点儿蛛丝马迹，为交差只好找来一片树叶，在上面弄点儿污渍，送到主人面前交差。倪瓒恶心至极，当即闭目、捂鼻、掩口，小声命令仆人送至三里外丢掉……

这位最怕脏的人，最后却偏偏死在了“脏”上面。究其原因，就在于他不仅有生理洁癖，还有精神洁癖和道德洁癖。有一次，起义军首领张士诚的弟弟张士信派人带厚礼登门求画，自命清高的倪大画家当场拒绝不说，还表示绝不为金钱和反动势力作画。张士信一怒之下，欲置倪大画家于死地，好在有人说情，倪大画家只挨了一顿鞭子。挨打时，倪大画家紧咬牙关，一声不吭，事后有人问他："那么疼，你怎么也不叫一声啊!"他说："一出声岂不俗了?"朱元璋建立明朝后，有人拿他的洁癖说事儿，结果他被抓进大牢，先被绑在马桶上恶心了好长一段儿时间，最后被扔进粪坑活活淹死。虽然还有另一种说法认为他死于痢疾，不过他临死前拉得满床都是，恶臭不堪，终究不是倪大画家所愿。

应该说，倪瓒虽然有其怪癖，但终究是个高洁之士。然而世俗社会往往容不下这些高洁之士，因为他们的高洁，恰恰是对那些满身秽污者最强烈的反衬。然而，这并不意味着，两者就一定水火不容。且看陶弘景的故事：

陶弘景不仅是南北朝时的大医药家，也是中国历史上著名的道教思想家、文学家，长期在道教名山——茅山隐居。梁武帝萧衍称帝后，想让其出山为官，辅佐朝政。陶弘景不好明拒，便画了一幅画，托使者带给萧衍。萧衍一看，画上有两头牛，一头用金笼头牵着，另一头则自由自在地吃着青草。梁武帝也是个聪明人，当即笑道："陶弘景是要效仿庄子，曳尾涂中啊!"从此打消了招他为官的念头，却经常与他书信往来，书信中除了讨论书法、艺术等，也有就国家大事方面的探讨、请教，对此，陶弘景不仅不推托，还时常主动写信给梁武帝，指点政策。久而久之，得了个"山中宰相"的雅号。

再来看北宋哲学家、书画家邵康节的故事。邵康节自号"安乐先生"，一生淡泊名利，不爱做官，却收了一大批在朝做官的弟子，很多官宦贵胄也以能和他交往为荣。宋神宗执政时，任命王安石为相，推行新法，造成了某些州县的骚乱。邵康节的几个弟子和老友写信给邵康节，说我们准备弹劾王安石，然后辞官回家，眼不见心不烦。邵康节回信道："正所谓家贫显孝子，国破见忠臣。当前正是需要有志之士报效国家的时候，新法固然严苛，但诸君在执行中能够放宽一分，老百姓就能多得到一分的好处。而你们弹劾王安石，除了发泄一通私已的愤怒，这对维护老百姓的利益又有什么好处呢?”

陶弘景与邵康节的故事，不仅是艺术化处世的最好证明，也颠覆了人们头脑中“道不同，不相为谋”的古训。其实，一个人洁身自好固然没什么不好，但没必要过于清高，更不要希求所有人都能做到纤尘不染。否则，就会把人都逼到自已的对立面，在社会上非常的孤立，还往往招致小人的报复。这正是古人所说的“水至清则无鱼”的道理。另外，诚如邵康节所说，单纯的高洁是没有任何意义的。莲花高洁，在于它能出淤泥而不染；君子的高洁，并不仅仅在于他是否洁身自好，还在于他能否在此基础上，尽可能地导人向善，给世界更多的源头活水。

第五章

静心是一出戏

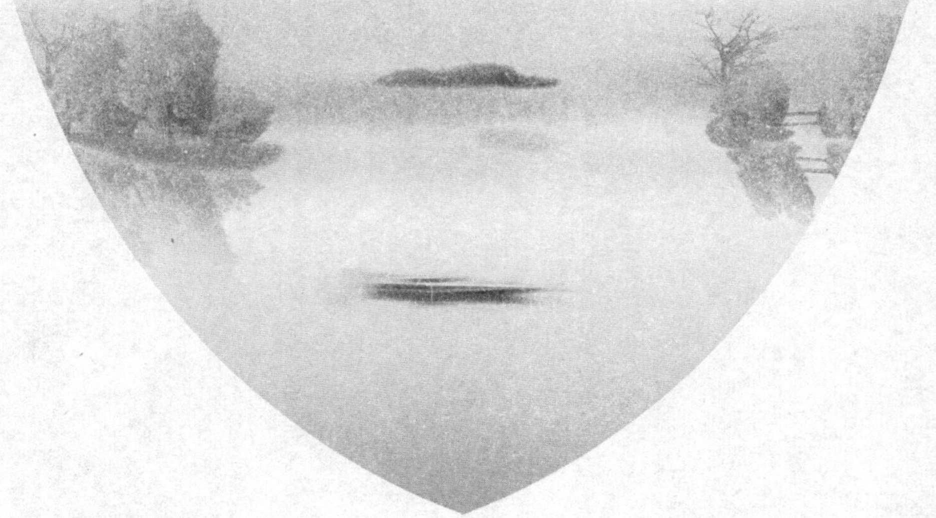

1. 你怎么想都没用

“谁愿意一辈子端盘子啊!”——这是老电影《端盘子的姑娘》中的主人公小凡子的名人名言。说句心里话，她不愿意，你我也不愿意，就是给个金盘子，咱也不愿意。虽说劳动不分贵贱，但人类生来就是一种要往高处走的动物。所以，别说端盘子，就是给个大堂经理干，咱还是要有点儿更大的理想和追求。

小凡子的理想是什么呢？首先是做个歌唱家。而她最爱唱的一首歌，就是那首《我多么想》。然而直到影片结束，她的理想始终停留在梦想乃至空想的地步。说白了，小凡子始终是在做白日梦。

按照弗洛伊德的说法，人们之所以爱做白日梦，是因为人们无法在现实生活中得到满足，所以才通过一系列的幻想为自己在虚无中寻求一种心理上的平衡。也就是说，空想是一种无奈。人不伤心不落泪，人不无奈也不会空想。还说小凡子吧，父亲给她找了个后妈，母亲又给她找了个后爹，最疼她的奶奶去世了，做歌唱家的梦想也被无情地粉碎……人家都这么惨了，连做梦都不让人做，还让不让人家活了?从这一点儿来说，小凡子其实还蛮坚强、蛮乐观，蛮值得某些人学习的。

但是，不论我们多么理解小凡子，她终究是个失败的女孩儿，她的梦想（做歌唱家、做医生等等）一个也没实现。对此也不能光怨社会，怨她的爸爸妈妈，以及那些“狗屁不懂”的音乐学院的老师。

就说她的首要梦想唱歌吧。如果把人生比作青年歌手大奖赛，那么从一开始，她的参赛曲目就没选好。她就会一天到晚地唱“我多么想，我多么想……”，一个成熟的青年、积极的青年，怎么能这么唱呢？至少也得唱“我怎么努力才能得到，我怎么努力才能得到”……

讲一段真实的故事：我的一个同行，由于起点较低，经济状况不是很好，小两口隔三岔五就会因为钱的问题吼两嗓子。有一天晚上，朋友吼完之后跑到我这儿借酒浇愁，我劝他说：“别往心里去，夫妻嘛，床头打架床尾合，再说了，你就不能让着她点儿？这些年她跟着你也不容易，是不是？”朋友说：“说实话我挺让着她的。就因为没钱，我心里有愧。她也没什么大志向，最大的心愿就是在老家县城里买一套中等面积的楼房。这我理解，她的同学们现在都在县城买房了。我也很努力，可你知道，干咱这行不是得慢慢儿来嘛。可她等不及啊，每天在那儿唠叨‘我想要一个房子，我非常想要一个房子……’谁不想要?!我还想要个金字塔呢！她怎么就不想想‘怎么才能得到房子’呢？太幼稚了!”

的确，很多事情，很多目标，你怎么想都没用。如果没有行动，没有把梦想变成现实的切实有效行动，梦想不仅终究还是一场梦想，可能还会演变成一场永不惊醒的噩梦。

接着说小凡子。确切地说，她并不是没有行动，而是不够坚持。在影片中，第一年没考上音乐学院的她，找了个没人的地方——哭了，另一个也没考上的同学找到她安慰道：“算了，算了，用不着难过，音乐学院的老师啊，懂个屁啊！嗨，干什么还不是活着。走，我请你喝啤酒去!”回家后，张志哥则鼓励她：“别灰心，明年接着再考啊!”她却冲口而出：“我一辈子也不唱歌了!”典型的自暴自弃！音乐学院可不是你家大门，想进就进。是你自己一辈子不唱歌了，又不是人家音乐学院一辈子不要你了，能怪人家吗？更何况，即便你真有才华，很多时候不争取也不行。在这方面，她应该好好学学人家张艺谋。

1978 年的一天，当时还在棉纺厂上班的张艺谋在报纸上惊喜地发现：北京电影学院重新招生啦！虽说政审关难过（张艺谋的父辈有人上过黄埔军校，属于有“历史问题”的人），但改变命运的机会就在眼前，说什么也要试一试。于是他抓住一个出差的机会，背上自己的摄影作品赶往北京。看完他的作品，主考老师们一致认为不错，但当时北影规定的招生年龄最高不能超过22岁，而老张当时已经二十有七，单是年龄一项就把他挡在了北影门外。

眼看就要从哪儿来回哪儿去，张艺谋不得不硬着头皮往里拱——张艺谋给当时素未谋面的文化部长黄镇写了一封言辞恳切的信，并随信附上了几张得意之作。颇通艺术的黄部长觉得张艺谋是个难得的人才，便写信给北影，并派秘书前往游说，最终把张艺谋“保送”进了北影。

谁知好事多磨，两年后校领导又以年龄太大为由通知张艺谋离校。张艺谋只好故伎重施，硬着头皮给校领导写了一封“决心书”，恳请校方让自己继续读书。加之张艺谋的老师多方给他说好话，校领导最终收回成命，张艺谋得以继续深造，为其日后成为一代名导打下了坚实的基础。

想想看，如果张艺谋当初只是唱唱“我多么想成为一个导演，我多么想成为一个名导演”，或者说他在遇到障碍时认了命，今天的他又会在哪儿呢？

还是那句话，他怎么想都没用。当然光有行动还不够，小凡子不也为自己的理想行动过吗？但她只试了一次，所以你还必须具备与挫折战斗到底的精神。而这，也正是静心的根本出发点。真正的静心，是以一种好的心态去面对人生，在宁静之中积聚并发挥自己内在的力量，尽量改造现实的生活，而不是罔顾现实的困境与问题，让人简单地放弃追求的、浅层次的静心。

2. 指望好运，不如指望勤奋

微软创始人比尔·盖茨说过：“人们都喜欢看电视，但我希望青年人不要看，那里面有太多场景不是真实的生活。在现实生活中，人们必须埋头做自己的工作，而非像电视里演的那样，天天泡在咖啡馆里。”这句话无疑也适用于电影。比如被《人民日报》点名批评过的电影《小时代》，之所以被批，很大程度上也在于它有意无意传达的很多讯息，比如电影中女生住的犹如总统套房的宿舍等，既不是社会的现实，也不是青春的主题，而是“青春之外的东西”，它只会让人“产生无法摆脱的不安”。

当然，比尔·盖茨的话是有针对性的，无论是电视还是电影，亦有其积极的一面，具体到电影而言，还是存在着一大批既真实又不乏文艺性且带有足够正能量的作品的。我们下面要介绍的这部《美丽新世界》就是其一。

《美》剧讲述的是一个小人物与大上海的故事：

一个名叫张宝根（姜武饰）的北方青年，突然走了狗屎运，抓奖中了一套位于上海市中心地段的楼房。张宝根满心欢喜，南下接收他的奖品。然而到了上海才知道，他的楼房还停留在图纸上，还得等。当然，他也可以选择不等，精明的开发商早就为他准备好了十万元现金。十万元虽不少，但跟一套房子比还是差得太多。所以，张宝根决定等下去，并准备暂时投靠上海的一家远房亲戚。谁知找到亲戚家才知道，两位老人家早已谢世，只剩下一个领养来的小阿姨（陶虹饰）。

他这位小阿姨既尖刻又势利，且胸怀大志，今天办公司，明天签大单，无奈总是不“走运”，没赚到大钱不说，还欠下一屁股债。很自然地，她便把没有血缘关系的张宝根当成了“肥羊”，准备在他身上赚一笔。光是房钱，每晚就要收几十元，比旅馆还贵。张宝根临时找的几份工作也不顺利，为发扬见义勇为精神，还被无赖打了一顿。对上海各方面都很失望的他，决定还是暂时离开的好。

但在决定回家前的晚上，张宝根在找旅馆的路上，遇到了与自己有一面之缘的流浪歌手阿亮（伍佰饰），阿亮并不直接回答张宝根的问题（哪里有便宜的旅馆），而是问他：“就这么走了？”张宝根突然发神经似地怒道：“我不想走，是他们逼的！我，我叫张宝根，我在上海有一套两居室的房子，这房子是我中奖得的。我来上海领奖，他们告诉我，这房子没有盖好，让我等一年半。如果不等，就给十万块钱。你知道吗，这房子价值 70 万块钱啊！他们只给我 10 万！这么大的事，我得跟我爸妈商量商量，我打电话回去，知道我回不去了，我们镇子上，差不多所有单位都到我们家去拉赞助。我只能在上海待着，住在我小阿姨家。每天 20 块房钱，20 块啊，她是我亲小阿姨啊！我不能待着，我得找工作啊，我当过建筑工人，不知道为什么，不知道为什么，他们就把我给开了；后来，我又干上了保安，你知道吗，我爱这个工作，我深深地爱这个工作，我一心一意地为顾客服务，可他们打我，把我打成这样……”

说到这里，张宝根已经声泪俱下，并歇斯底里地冲着阿亮咆哮。阿亮也冲他咆哮道：“不就是为了一套房子吗？不就是一年半吗？你知不知道，这个城市，有多少人，没有像你这样的希望！就等啊，总有一天你会拿到的！你是男人吗？”这句话激发了张宝根的血性，他抄起伍佰喝剩的半瓶啤酒，一饮而尽，然后把啤酒瓶摔在地上，向着来路坚定地走去。不久，他就发现了自己的商机——卖盒饭，并克服一切困难，坚定地做了下去。结果还没等他的房子建完，他的盒饭生意已经做得非常红火了。

很多看过这个故事的年轻影迷都说，这个故事根本谈不上有多精彩。没错，然而还是那句话，表面化的精彩并非本剧导演的诉求，导演注重的是思想性，这也正是剧中阿亮对张宝根咆哮的那段话：“不就是一年半吗？就等啊，总有一天你会拿到的！”当然，这里的“等”不是空等、坐等，它意味着一种希望。有希望，就有美丽新世界；能坚持，就会等到那一天。

应该说，张宝根首先是个命运的幸运儿，这正如阿亮所说的：“你知不知道，这个城市，有多少人，没有像你这样的希望！”而他这个希望，则是中奖得来的。这可称得上是幸运中的幸运。然而张宝根并没有这么等下去，他带着希望上路，也把自己的希望落实在脚下。用他在影片中的话说就是：“小阿姨，金子再多也有捡完的时候，可是盒饭，我能卖一辈子。”

我们的人生，多少还是有些运气成分的。社会上有些人的运气的确较好，比如那些只买一张彩票就中了头奖的彩民。而有些人的运气就相对较差，买得快倾家荡产、妻离子散了，也没中过一个三等奖。所以，我们不应彻底地否认“运气”，但也绝不能彻底地依赖“运气”。

我的朋友老罗就是一个现成的案例。据老罗自己交代，他在成为我的同事之前还是西南某省电视台的一个中层小领导，只因迷恋上了“五百万的生意”，前前后后总共输掉一百多万不说，还气得老婆跟他离了婚。如今的老罗，生活大不如前，但用他的话说，“五百万的生意天天做，投资两块钱，净赚四百九十九万九千九百九十八，这样的生意不做，岂不是傻子？”在向我借钱时老罗还屡次信誓旦旦地保证：“你放心，我已经摸清了彩票的规律了，等我中了大奖，加倍，不，十倍，不，百倍千倍万倍还给你……”

说实话，我敢借钱给他就没指望他还。我从不指望他能中奖。事实上，我自己每周也会买几注彩票，指望他中奖，还不如指望我自己中奖。我只希望他能像现在的我一样，面对现实，每周花几块钱，买个希望就算了，做好手头的工作才是正事。

之所以说像“现在的我”，就在于从前的我也曾沉迷其中。不过，在赔了几千元后，我及时醒悟了：好运谁不向往？中奖谁不开心？可人不能指望好运活着。指望好运，不如指望勤奋。别像电影中的“小阿姨”那样，总是做一些不切实际的“大”梦，也不要像现实中的老罗那样，总是指望好运降临到你头上。指望好运，到头来恐怕会一场空；而勤勤恳恳，脚踏实地，即使暂时不成功，但总会有所收获。

3. 把“根”留住

黄健翔曾写过一本书——《像男人一样去战斗》。说实话，这本书的内容我并没有仔细看过。不过，这个书名本身就已足够。人生需要战斗，需要像男人一样去战斗。而不是靠交换、靠闪展腾挪。战斗的人生，或许来得痛苦，但痛苦过后总是甜；战斗的男人，或许有缺点，甚至格格不入，但他至少是鲜活的自己，而不是乖巧的别人。而那些自诩“人精”实则“屁精”的人，其人生或许来得光鲜亮丽，但其灵魂的呜咽也只有他们自己能听到。这样的男人，或许有优点，但再多的优点也掩饰不了他们骨子里的猥琐和破败。

把“根”留住，把我们的底线守好。“根”是我们做人的前提，也是人生幸福的保证。

讲一个著名的典故：

春秋末年，鲁国人公仪休因为德才兼优被任命为宰相。他有个嗜好——爱吃鱼，几乎达到了无鱼不欢、无鱼不食的地步。看到公仪休做了宰相，一些别有心机的人便千方百计地送鱼给他吃，但全都被公仪休婉言谢绝，失望而归。

不久，公仪休的一个学生听说老师当了宰相，特地买了两尾鲤鱼登门祝贺，公仪休一如既往，拒不收纳。

学生非常奇怪，问道："老师一向喜欢吃鱼，今天学生来看望老师，为什么却不接受呢？还听说很多人都曾经送鱼给老师，老师为什么一概不收呢？"

公仪休回答说："我身为宰相，理应廉洁奉公，所以他人送鱼一概不收。"

学生想了想，说道："我送鱼是尽师生之谊，别无所求。再说老师身为一国宰相，收两条鱼又算得了什么？"

公仪休摇摇头说："正因为我喜欢吃鱼，所以更不能接受你的鱼！我现在做宰相，买得起鱼，自己可以买来吃。如果我因为接受了你送的鱼而被免去宰相之职，我自己从此就买不起鱼了。你难道还会再给我送鱼吗？到那时，我这个喜欢吃鱼的人就不能常常有鱼吃了。与其这样，我不如现在不接受别人的鱼，做个廉洁奉公的好宰相，鲁君就不会随随便便地免掉我的职务。这样虽然不能吃别人送的鱼，但我自己的俸禄能保证我天天有鱼吃。因此，我不会接受你送的鱼。"

公仪休爱鱼而不受鱼，表面上看来是不肯徇私受贿，值得称赞，但他的论调一点儿也不高尚——因为他是为了保住相位，同时保证自己有鱼可吃——但即便是这样，这仍然是很多人难以企及的高度。更多的人，虽然明白有得必有失的道理，但在诱惑面前往往心存侥幸，只顾眼前，不顾长远，看似收下了鲜鱼，实则吞下了鱼饵！直到身临绝境、无法回头的时候才悔之晚矣，哀叹一曲具有自身特色的《把根留住》。

第六章

静心是一局棋

1. 日拱一卒，功不唐捐

日拱一卒，功不唐捐——这是“人生如棋”的最好诠释。“功不唐捐”一语出自佛经，其中的功，泛指“功德”，不过把它看作世俗社会的成功也未尝不可；而“唐”字在这里意为白白地、徒然地，“捐”是指舍弃。这句话的大致意思即为：每天像个卒子一样前进，功夫总不会白费，付出必有回报。

有人说，小小一副中国象棋，其实是中国封建社会的缩影——有皇宫（九宫）、侍卫（士、仕）、文官（象、相，不上战场，即不许过河）、武将（车、马、炮）、士兵（兵、卒）。另外，中国象棋还隐喻着古代中国士兵的悲惨命运和社会的不公平，具体说来就是，在中国象棋中，兵、卒只能前拱，不能后退，“弃卒保车”，那更是常有的事。而且在中国象棋里，车、马、炮永远是大将，兵、卒永远是最小的棋子，不能像国际象棋一样可以生变，没有改变命运的权利。

基于此，很多人是不屑于象棋的，并称其为“小道”，而热衷于“大道”的围棋，说只有黑白二子的围棋最是公平，其实想想看，象棋本身有什么不公平呢？你有车、马、炮，我也有车、马、炮，你有小卒，我也有小卒，唯一可以占便宜的就是走先手，但不是还有那句“红先黑后，输了不臭”吗？另外，诚如柏杨先生所说，围棋每一个棋子的功用都一样，这不是平等，而是围棋简陋之处，原始部落时代才有类似的死板战争。到了象棋，已进了一大步，其最大的进步是：每一个棋子有每一个棋子的特殊性能，这在人生中是最公平的事。围棋各子平等，是一种假平等，而象棋才是真平等。

的确，正如棋谚所说："小卒过河顶大车"。兵、卒过河之后，命运立即改变，不仅能向前拱，还能向左右平移，不仅任何棋子都受其威胁，整盘棋都往往受其限制。尤其是当一盘棋下到最后，棋子寥寥无几时，小兵往往能发挥举足轻重的作用。如果能逼近九宫，直接威胁对方将、帅安危，兵、卒的功用更是身价倍增，成为决定胜负的宝贝。怕只怕，小卒端坐不动，待在那里等对方秒杀不说，还挡住了己方车、马、炮的棋路。所以从战略上来说，往前拱，不仅是兵、卒改变命运的关键，也是其使命。

人生如棋，世事如棋。大多数人，至少在人生的开局阶段都是无名小卒。对此，除了像象棋中的小卒一样，往前拱，没有任何破局之法。这是种笨办法，甚至是一种有点悲催的办法，但往往也是唯一的办法，或曰：没有办法的办法。

日拱一卒，强调的是一种静心，强调的是一种对所谓"旗开得胜"的理想的冷静反思。在棋局上，除非碰上真正的臭棋篓子，三两下绝杀对方，想赢一盘棋，尤其是想赢那些棋逢对手者一盘棋并不容易。在生活中，以一个小卒出身，想赢得对手乃至世人的普遍尊重，更是千难万难。但是难，并不代表没有机会。而争取这一机会的办法，只有一个，那就是拼命往前拱。

世界上的大成就多半都是用最笨的办法、下最笨的功夫做到的。这个笨功夫，必须下，急不得。国画大师齐白石的一段早年经历就颇能说明问题：齐白石出身贫寒，十几岁就做了木匠，但他爱好绘画，通过一本捡来的画册，苦心不辍，成了当地小有名气的画匠。有一天，乡里来了一个刻印的师傅，齐白石想自己也曾刻过印，但总刻不好，便虚心上前请教，谁知刻印的师傅还没开口，一个口无遮拦的乡亲就开玩笑说："你还用向他请教，我就能告诉你，你去把后山的石头担一担回家，随刻随磨，等石头都化成石浆，必然刻得好。”齐白石听了，当天竟真的挑了一担山石回家，发愤努力，常常弄得屋里石浆满地，手上也磨出了厚厚的老茧，但也真的在篆刻方面达到很高的水平。

俞敏洪也说过，“宁可十年不将军，不可一日不拱卒”。一次演讲，俞敏洪讲到：“有一个故事说，能够到达金字塔顶端的只有两种动物，一是雄鹰，靠自己的天赋和翅膀飞了上去；另外一种动物，也到了金字塔的顶端，那就是蜗牛。蜗牛肯定只能是爬上去，从底下爬到上面可能要一个月、两个月，甚至一年、两年。但在金字塔顶端，人们确实找到了蜗牛的痕迹。我相信蜗牛绝对不会一帆风顺地爬上去，一定会掉下来，再爬，掉下来，再爬，艰辛备至。可蜗牛只要爬到金字塔顶端，它眼中所看到的世界，它收获的成就，跟雄鹰是一模一样的。我在北大的时候，包括到今天为止，我一直认为我是一只蜗牛。我一直在爬，也许还没有爬到金字塔的顶端。但是只要你在爬，就足以给自己留下令生命感动的日子。”

总之，大多数人的成功背后，都离不开“日拱一卒”的执着，“不期速成”的淡定。假如你是学文的，你就投入时间认真看书吧，给自己十年时间，读几百本书，换成古人的竹简，已经不下万卷了，所谓“腹有诗书气自华”，“读书破万卷，下笔如有神”，到那时候，你想不成为学者都难。假如你是学理的，那就把精力和功夫用在专项研究上，假以时日，成为内业的专家也不是没有可能。就算你不做学问，不搞研究，只从事一门技艺或者技能，长期沉浸其中，摸爬滚打，你也会手熟得像欧阳修笔下的卖油翁，人见人钦。

2. 一着不慎，满盘皆输

人生如棋，棋如人生，怎么才能下好人生这盘大棋呢？大多数棋友认为，下棋首重大局观。著名作家王蒙在《老子十八讲》中写道："比如下棋吧，我跟我的孙子下棋的时候，我就看他那儿有一个'马'，我说太棒了，我赶紧把他的'马'吃了。但是我就没有看到我一吃他这个'马'，他把我的'车'给撤了。他也没想到他撤完我的'车'，我正好把他的'将'给将死了——我的'炮'正好下去将死他。这就是我跟我孙子下棋的水平。下棋下到这个水平，就互相要争。有时候就得悔棋，就得赖棋，北京话就叫'讹搅'。可是如果从老子的观点上来说，世界上很多好事你要把它往坏事方面想一想，坏事你要把它往好事上想一想，或者好坏之事又变成一个坏好之事、一个又可能往这边变又可能往那边变的事。这一想他就多看了好几步棋。所以我就说，一般臭棋、像我这种人下象棋，只看一步，国手他看三步看五步就不得了了。可是老子也许能看到七步，也许能看到八步。"

王蒙先生的棋艺究竟如何不必深究，他对人生道理的领悟远比棋理更为深刻。而他上面这段话用棋谚概括起来就是：一着不慎，满盘皆输。不管是下棋，还是做人做事，都要扎扎实实，走好每一步。

棋谚又云，"棋子木头做，输了重来过"。可惜的是，人生如棋，但终归不是棋，棋可以重来过，但人生只有一回。失败，并不是人生的悲剧，失败乃成功之母；人生真正的悲剧在于，有些失败就像棋盘上的"落地死棋"，一旦落在棋盘上，再也没有重新选择的机会。当然更谈不上翻盘。所以高手下棋，历来讲究顾大局，谋大势，“一步看九步”，慎之又慎，步步为营，以免走错一步，就毁了自己一生。

就像多么高明的棋手也无法准确地预知一局棋的最终结果一样，多聪明的智者也预知不了自己的人生。人生就像摸着石头过河，步步危机。但人生路难行，还是要行，要向积极处行。下棋也一样，一定要静下心来，认认真真，踏踏实实，摸到石头再前进，三心二意，瞻前顾后，是永远下不好棋的。

“一着不慎，满盘皆输”，这是棋界的警语，也是人生的警言。那些在生活博弈中满盘皆输的人，未必棋艺不精，只是因为他们往往制不住心中的“贪”“妒”二字，最终不是中了别人的埋伏，就是掉进自己挖的陷阱。纵观中外历史，诸如此类的例子可谓不胜枚举。当今中国，社会上充斥着浓烈的金钱气息，一些大好青年，由于自制力差，去偷、去抢、去骗，走上邪路，毁掉自己的大好前途，可谓“一失足成千古恨”。所以，下棋与做人，都应做到最起码的不贪、不妒、不浮、不躁。

人生如棋，但不允许悔棋，因为这世上从来就没有后悔药，一个人的轻率，必然由相应的代价来埋单。有时只要走错一步，哪怕是小小的一步，也会“一步错，步步错”，最终满盘皆输。

人生就像一盘棋，对手叫做“命运”，这盘棋必须自己来下，没有人可以代替。要想赢，只能加强自己的棋艺。所谓“人生三杯酒，流年一局棋”，人生的棋盘，全靠自己把握。小小的一方棋盘，就是一个缩小了的人生战场，就是万千人的考场、商场、职场、情场……只要还活着，它就不会停止；只要还在继续，就有落败的可能。所以，在这战场上冲撞的大将也好，厮杀的小兵也好，还是运筹帷幄的主帅也好，凡事都应三思而后行，切不可草率出棋。

每个人都能在棋盘上找到自己的位置。位置不同，棋局也会有异，棋道也就不同。但水流千遭归大海，棋艺的最高境界，离不开静心。唯有静心，才能使人不急不躁，头脑清醒，坦然面对。退，可立于不败之地，进，必有斩获。所以，下好人生这盘棋，面对人生各种棋局，各种对手，在摆开阵势之前，首先要做的永远都是调整心态——把“激动模式”“兴奋模式”“紧张模式”“愤怒模式”等等统统调到“静心模式”。

“一着不慎，满盘皆输”，强调的只是稳健，但不可因噎废食，因强调稳健而失去进取之心。人生如棋，最忌举棋不定，畏缩不行。下棋，需要必要的考虑，考虑仔细了，周全了，就应果断出手，纵横捭阖。该跳马时不跳马，该出车时不出车，是另一种形式的自乱阵脚，终究会影响全局，导致危局与败局，不可收拾。做人处世也一样，应该做的事情不去做，应该决断的事情不决断，瞻前顾后、优柔寡断，一推了事，或者逃避了之，这个人的结局倒不至于满盘皆输，但也注定是个窝囊人生。

最后要说的是，人生并非不允许输，人也不可能避免输，做人，只需尽量避免满盘皆输。但愿我们每人个人都能够把握好自己人生的每一步，走出自己的美丽人生。

3. 圆若棋子，方若棋盘

话说公元728年某日，如日中天的大唐帝国都城长安正在举行一次“全国神童选拔赛”，时任皇帝唐玄宗李隆基亲临主考。从各地赶至京城的“神童”中，有一个叫员俶的孩子，年方九岁，却诗词、答辩、著文无所不精，赢得头名。李隆基非常高兴地把员俶叫至身前，说："真是神童啊！这世上难道还有比你更聪明的孩子吗?"这本是感叹、夸赞之意，不料员俶却回答道："有，我的表弟李泌，年方七岁，才学却比我还高。"李隆基大吃一惊，当即派人飞马将李泌接来。李泌到得皇宫时，李隆基正在与大臣张说对弈，便灵机一动，让张说以围棋为题，一试李泌的才学。张说也算得上当时的文坛领袖，开口说道："我就给你出个上联，你对下联：方若棋盘，圆若棋子，动若棋生，静若棋死。"李隆基一听，四句话中，每句有一个"棋"字，却没有丝毫繁赘之感，而且借棋喻人生，有其见地，足见智慧。刚想到这里，李泌已经对出了下联："方若行义，圆若用智，动若骋材，静若得意。"李隆基一听，不禁龙颜大悦，因为李泌的下联，不仅对仗工整，而且句句言棋又绝不露"棋"字，同时亦将人生至理融于围棋弈理中，况且这还是出自一个七岁孩子之口，当真是神童！

张说的上联与李泌的下联，暗喻的都是下棋与人生的方圆之道。对于"方"字，不难理解，简单来说就是我们做人要像棋盘一样方方正正，下棋要有棋德，做人要讲人品，处世要讲风格，办事要心存良正，不能胡搅蛮缠，要赖放泼，巧取豪夺，无所不用其极；而"圆"字，不是普通人所理解中的"圆滑"的意思，而是作"智慧"解，否则单是从棋理上就说不通：下棋是一种斗智的游戏，不管你多么圆滑，智慧不够，最后还是难逃一死。具体到棋盘下，我们也应该明白，适度圆滑，并无不妥，因为"圆滑"也是"智慧"的一部分，但是且不可将"圆滑"等同于"智慧"。

说到这里，似乎有点自相矛盾的感觉：人又不是水，可以装在方容器内变成方的，装在圆容器内变成圆的，怎么可能"方若棋盘，圆若棋子"？其实矛盾是没有的，这里强调的不过是一种平衡。善下围棋者都知道，初学者，往往注重于厮杀与一城一地的得失；到了中等水平，才会考虑“形状”的问题；而到了国手级别，需要考虑的就是平衡、调和的问题了。平衡是棋盘上的大艺术，当这种艺术应用于人生中，便是我们所说的方圆之道了。

还说李泌吧。这位神童长大后曾经作过一首《长歌行》：“天覆吾，地载吾，天地生吾有意无。不然绝粒升天衢，不然鸣珂游帝都。焉能不贵复不去，空作昂藏一丈夫。一丈夫兮一丈夫，平生气志是良图。请君看取百年事，业就扁舟泛五湖。”这首诗正是李泌的生平写照，其大意是说，人生天地之间，能够显贵于世，治国平天下，当然再好不过。如果有了这样的才能，却时运不济，那也不必抱怨。即使不能效仿春秋时期的范蠡，弃官从商，至少还能做个修道之士，做个自得其乐的活神仙。类似于诗仙李白的著名诗句“人生在世不称意，明朝散发弄扁舟”，不过寓意更积极些。

说到真实的人生际遇，李泌也比李白更幸运些。史书上说，他曾经三度为相，为玄宗所喜，为肃宗、代宗、德宗所倚重，安史之乱中，实有挽狂澜于既倒之功。然而由于他心存良正，势必与那些利欲熏心、狡猾奸诈之辈所不容，先后遭受过杨国忠、李辅国、元载、常衮等奸佞诬陷、排斥，但每次都能潇洒应对，自保有余。可唐王朝偏偏又不离开他，总是一次又一次地把他从隐居地（南岳衡山）请回来，其传奇性只有三国的诸葛亮与明代的刘伯温差可比拟。千百年来，也一直是儒家、佛家、道家所共仰的精神领袖。而李诗仙，无论是才华还是抱负，都不在李泌之下，只因方正有余，圆融不足，一着不慎，满盘皆输，终其一生只能在杯酒中觅幸福，在诗篇中寄豪情，日子过得失意、落魄不说，还一度险些沦为政治斗争的牺牲品。

即使是对既不关心棋道也不关心“世道”的普通人来说，方圆之道也不容忽视。因为方与圆，本就是深奥与世俗兼具的问题。如何方？如何圆？何时方、何时圆？这关系到生存，也关系到生存的质量，生命的高度，对每一个人都关系甚大。棋如人生，棋如其人，每个人都是自己命运的操盘手，方圆之间，世事变幻，人情世故，荣辱得失，一切尽在棋局中。

4. 对弈人生，和局为上

笔者的老家有一个庙会，当年是本地十里八乡少有的“盛会”。逢着庙会，各色商家，应有尽有，有卖吃的，卖穿的，卖用的，卖玩的，还有卖棋艺的。恰好，我的邻居刘老汉就是一位摆棋摊的。他棋艺精湛，鲜逢敌手，即使不能取胜，往往也能使对方难以取胜，最终“和棋”了事。不过据说有一年庙会，刘老汉却一分钱也没赢到，还赔了几顿饭钱。因为他碰上了一个真正的高手，每天他刚摆开棋局，对方就坐到他对面的小板凳上，只防守，不进攻，刘老汉攻得急了，就以攻为守，逼得刘老汉不得不回棋自救，一盘棋杀到中午还难分输赢，刘老汉钦佩其棋意，索性认输，将对方拉回家中，一边喝酒，一边探讨棋艺……

非常遗憾的是，这个故事的主人公刘老汉早已作古，不然定要找他讨教一番。不过，斯人虽乘黄鹤去，但关于他的传奇还在，“棋”中的道理亦永不过时，那就是——对弈人生，和局为上。

前面说过，小小一副中国象棋，是中国封建社会的缩影，另一方面，象棋也最能体现我们中国人的处世风格。打扑克、打麻将，或者玩其他一些竞技游戏，结果都是有赢的一方，亦有输的一方，唯有象棋，可以做到“和棋”，暗合了中国人几千年来所追求的与世无争、但求自保，以棋会友、以仁行天下的处世精神。

这种精神反映到普通人的生活中，就是老百姓常说的“家和万事兴”。其实，需要“和”的又岂止是家庭？干工作、做生意、交朋友、当领导，都离不开一个“和”字，都应“以和为贵”。虽然表面看来，“以和为贵”就意味着我们要忍让要付出要成全他人，但无可否认的是，成全他人的过程，其实也是在成就我们自己。

象棋里有个损招，叫“推磨”，说简单点也就是把对方的车、马、炮、兵及保卫人员象、士全部吃掉，让对方的帅既没法赢，也没法输，只能在己方的车的进攻下围着自己的城挪来挪去，让人光着屁股推磨——转圈丢人。由于棋技低下，我的一位棋友没少让我“推磨”。让人“推磨”无疑是件开心的事，但最近棋友却说，“推磨”令他很郁闷。为什么呢？因为他玩上了网上象棋。由于他总是不顾对方的自尊心，该赢了不赢，非要猫吃耗子似的调戏人家，人家往往一生气就不走了，任你催也好、骂也好，就是一动不动，最后，他为了在有限的时间多下几盘，不得不自己认输，找新的玩家继续厮杀。

棋盘上需平衡，处世上需中庸。切磋武功，还得讲究个“起手式”；下象棋，也讲究不能上来就架“当头炮”。棋手，不是杀手，可以赢，但要尽量赢得心平气和，让人心服口服。有些棋手，气焰嚣张，不仅着着逼人，嘴上还往往喊打喊杀，贬损嘲讽，旁人皆闻；侥幸占了便宜，更是步步狠毒，非要把人逼上绝路。我见过一个棋迷，为防止对手悔棋，他下棋时都是用两只手，一只手负责下棋，另一只手专门负责阻挡别人试图毁棋的手。当真可笑。如果类似的情况发生在生活的棋盘上，就往往不是可笑那么简单。虽说棋语有云：落子无悔大丈夫。但爱悔棋的人之所以每每悔棋，就在于他们不是什么大丈夫。你那套适合于大丈夫的理论对他们来说是不适用的。当然，大丈夫者，也应该有点包容心、同情心不是？适当的时候，要学会高抬贵手，得饶人处且饶人。即使是输，也要让人输得有点颜面。有时候，只需道一声“承让”即可，切不可逼得对方恼羞成怒。

人生如棋，能下得好的人太少。社会历来是追逐名利的社会。有些人为了位子、房子、票子、女子，到处你抢我夺，上蹿下跳，拉关系、耍计谋、厚黑学，争得不可开交，闹得热火朝天不说，还往往想一赢到底，“绝杀”对方。其实，下棋是一种高雅的艺术，做人也要尽量做个有高度、有境界的人。那些动辄叫喊“绝杀”，把竞争对手甚至合作伙伴当侵略者看待的人，人生境界自不必说，人生高度也大都有限。

“平常心是道”，这句话几乎人人都知道，但做起来并不容易。宋代大文豪、棋道高手苏东坡曾有词云：“松下弈棋，松子偶随棋子落；柳边垂钓，柳丝常伴钓丝悬。”对于真正的爱棋者，好棋者来说，下棋，下得是其中的旨趣，与输赢无关；对于钓友来说，钓鱼钓的也只是一种心情，不仅与“鱼”无关，有时候连“钩”都是多余的。当下的棋道爱好者，能像东坡先生那样超凡脱俗，只为棋中真道者并不多，但生活中下棋能下到眼中有棋，心中无局，不计较输赢，不在乎得失的高人还是有的。跟这样的人下棋、共事都是一种享受。尤为可贵的是，与他们共处，既能学棋，又能学做人。不过，能否遇到这样的人，固然要看我们的运气，但主要还是要看我们自己是不是他们的同道中人。

5. 纵横十九道，迷煞多少人

任何事情，只要沉迷其中，都会误事。下棋也不例外。

史载南北朝时的梁武帝萧衍，经常整宿整宿地下棋，熬得那些专门陪他下棋的侍卫、官员们哈欠连天、东倒西歪。有一次，他与一位人称“磕头师”的高僧对弈正酣，忽然听到侍从报告：“某某来了！”当时杀得性起，已经入迷，恰好在棋局中又要“杀”磕头师一枚棋子，于是随口答道：“杀！”那个侍从也是个糊涂蛋，也不细究，当即把来人推出殿外斩首。稍顷，萧衍与磕头师的棋局结束，梁武帝险胜一局，正自高兴，于是传问侍从：“某某来了没有？”不料侍从回奏：“刚才陛下不是下令杀了他吗？已经正法了。”

近代历史上也有一个因为下棋误了卿卿性命的“事故”：国民党元老胡汉民，极爱下象棋，且棋艺颇高，但是对输赢看得很重。1936 年 5 月 9 日下午，胡汉民应邀去其妻兄陈景夷家赴宴。饭后，胡汉民与陈家的教书先生下棋。二人棋力本在伯仲之间，因此三个小时只下了两盘棋，双方各有胜负。胡汉民很不服气，于是摆开第三局。进入中局，胡汉民开始处于劣势，他对着棋盘陷入沉思，实在找不出取胜之道，却又不肯认输。偏巧一步走差，被对方打了个死车。顷刻间，胡汉民脸色苍白，大汗淋漓。还没等人们反应过来，他已经当场昏厥，从椅子上翻落在地。众人赶紧把他抬入屋内，立即找来中外名医诊治。医生诊断为用脑过度，右侧脑出血。由于病情严重，三日后，胡汉民不治身亡。

小小的一盘棋，微不足道的输赢，却让人赔上了性命，看似荒唐，但实际生活中并不鲜见。有些人可能不爱下棋，但打麻将、打扑克，也可以引起悲剧。具体到下棋，还有一句警语：观棋不语真君子，落子无悔大丈夫。乱说话，尤其是在那些在乎输赢的人面前乱说话，总归讨不到好。

其实，无论是观棋者，还是对弈者，都应该明白：下棋，斗的是智，而不是气；下的是友谊，而不是功利。这是棋理，也是人生至理。古语有云："纵横十九道，迷煞多少人。"现实生活中，很多痴迷棋道者，鲜有高手，主要就在于成为棋道高手，首先要是一个人生智者。

何谓人生智者呢？明末清初的苍雪禅师曾有诗云："松下无人一局残，空山松子落棋盘。神仙更有神仙着，毕竟输赢下不完。"此诗何意？说的就是人生如棋，人生苦短，做人应该追求，不能强求，不应计较输赢，更不必工于心计。一个人，一旦持有这种超然心境，下棋，能尽得"棋乐"；做事，能尽得其妙；遭遇挫折，也能豁达看待。

被誉为"现代围棋第一人"的围棋名家吴清源就深谙此道。有一个关于他的小段子说，他从小身体很差，曾经得过肺结核，在当时，肺结核的死亡率非常高，而且这种慢性病非常折磨人。每当痛苦袭来，吴清源就背诗："蜗牛角上争何事，石火光中寄此身。随贫随富且随喜，不开口笑是痴人。"

吴清源常背的这首诗，是唐代大诗人白居易的《对酒》。很明显，它不是肺结核的特效药，但它传递的那种乐观的精神，却是消解人世间一切愁苦的良方。

不开口笑是痴人——为什么这么说呢？因为人生过于短暂，名利转眼成空。即诗中的"蜗牛角上争何事，石火光中寄此身"。其中，"石火光中寄此身"，极言人生苦短，如古人用火石打火时撞击出的火光，一闪即逝。"蜗牛角上争何事"，则出自一个著名的典故：战国时期，魏惠王想攻打齐国，国相惠施为劝魏王息兵，急忙请来贤士戴晋人规劝魏王。见到魏王，戴晋人问道："大王您可知道蜗牛吗?"魏王说："自然知道。"戴晋人接着说："我就给大王讲一个与蜗牛有关的故事吧：有这么一只蜗牛，长着两只触角。左面的角上有一个国家，称为触氏；右面的角上也有一个国家，称为蛮氏。触氏和蛮氏为争夺领地，动不动就交兵开战，伏尸数万……"戴晋人还没说完，魏王就笑了："你讲的都是子虚乌有的事情。"戴晋人说："这并非虚假之言，我们姑且来论证一下：以君王看来，四方上下有穷尽吗?"魏王多少懂点常识和哲学，想了想说："没有穷尽。"戴晋人又问："人的心巡游过无穷无尽的宇宙之后，又返回到人世，可不可以说人世渺小到了似有似无?"魏王又答："对。"戴晋人接着问："人世既然都可以渺小到可有可无的地步，而魏国又只是人世间一个很小的地方，国都又是魏国之中很小的一块地方，大王又是国都中很小的一个形体，那么，相对于无穷无尽的宇宙而言，您跟蜗牛右角上蛮氏国的国王又有什么分别呢?"魏王说："真是没有什么分别。"……最终，魏王体悟到了人世和国土的渺小，感受到了征战和扩疆的无聊——即使能够胜利，所得不过蜗牛一角之地而已，实在没什么意思。

类似的说法，各类经典中不胜枚举。如《临江仙·滚滚长江东逝水》中的"滚滚长江东逝水，浪花淘尽英雄。是非成败转头空，青山依旧在，几度夕阳红"。人们常说，"还没活呢，老了"。人生转瞬即逝，我们有什么理由不去好好地享受它？所以白居易又说：不开口笑是痴人！比他稍晚的大诗人杜牧亦说：尘世难逢开口笑，菊花须插满头归。

多年前有一首非常著名的流行音乐，叫《中华民谣》，其中的"醉人的笑容你有没有？大雁飞过菊花插满头"，就源自于杜牧的诗篇。

众所周知，菊花和大雁都象征着秋天，也往往被引申为迟暮、失意和惆怅。但是，我们不能因为人生苦短、苦多、苦无情，就闷闷不乐。相反，正是因为人生苦短，我们才更应该去珍惜它。如果有苦，那就苦中作乐。如果有泪，就把眼泪都笑出来。既然还有菊花，那就把菊花插满头吧！如果连菊花都没有，那就找个棋友，痛痛快快地杀上几局！

第七章

静心是一碗饭

1. 一样米，百样人

有这样一个故事：

一个困惑的青年辗转找到一位智者，向他求教："先生，有件事我怎么也想不明白，希望您能帮我分析一下——有人说我是个天才，将来必定大有作为；有的人却说我是个笨蛋，一辈子也不会有出息——我到底是个天才是笨蛋呢？"

智者反问："你是如何看待自己的？"

青年摇摇头，一脸茫然。

智者说："举个例子吧。比如一碗米，在家庭主妇眼中，它只能做两三碗米饭；在农民看来，它最多值一两块钱；在卖粽子的眼里，扎成粽子后它就能卖四五块钱；在做糕点的人看来，加工成饼干就能卖十来块钱；在做味精的作坊主看来，用它提炼出味精，可以卖二十块钱；在酿酒师傅眼中，把它酿成一坛美酒，至少值上百元。不过，它还是那一斤米。"

"哦？"青年似有所悟。

智者顿了顿，接着说："同样一个人，有人把你抬得很高，有人把你贬得很低，但你始终还是你。你的未来究竟怎样，就取决于你现在怎样看待自己。"

的确如此。民间也常说："一样米养百样人。"对这话的理解，很多人都持贬义，认为它大概就类似于范伟先生在小品《卖拐》中所说的："都是一个家庭的两口子，做人的差距怎么就这么大呢？"其实不然，正如一样米可以养百样人，一句话也可以有不同角度的理解。我们可以把它视作对素质低下者的讽刺，也可以将其视作对有心向上、向善者的勉励。正如故事中的智者所说的：同样一碗米，本来价值都一样，最终价值却大大不同，关键还要看你的眼光是家庭主妇的眼光，还是农民的眼光，抑或是手工业者的眼光。当然，单是有眼光还不够，还需要包粽子、制糕点、炼味精、酿酒等相应的技术。说得再深入点，还得懂经营、会销售，一碗米最终才能实现对自身价值的突破。要不然，它终究只是一碗米，只能做两三碗米饭。

一碗米只能做两三碗米饭——这不是米的悲哀，这是米的使命，是造物主对我们这些每天都得吃饭的人的恩赐。所以，我们就深入其中，好好谈谈米，谈谈饭。

不是所有的米都能成为美酒。在一定程度上，正如一碗米能否成为美酒不取决于它的主观意愿一样，一个人能否出人头地，也受很多先天的、后天的因素制约。然而，我们终究不是米，我们是人。

要相信自己，就是可以酿成美酒的那一碗米。当然，白米变美酒，需要必要的技术和过程，价值的提升，离不开相应的努力，否则非但酿不成美酒，恐怕还要沦为酒糟。从一碗米的角度看，这样的结局，甚至远不如被煮成两三碗饭。

从自然科学角度来说，只要技术得当，白米都能酿成酒。但酒有“寡淡”与“醇香”之分。个中因素，就在“静心”二字。我们读武侠小说一类的书籍，总是会读到这样的情节：某人在十八年前埋下了一坛女儿红，如今打开，酒香扑鼻，仿佛仙酿。老百姓也常说：“酒是陈的香。”我们做人，正如酿酒，谁都不难从一碗米提升为一瓶酒。但如果耐不住寂寞，刚刚酿了两个月就去品尝，势必尝不到理想的味道。

当然，成才与酿酒，终究不同。白米变美酒，只需时间的打磨；常人变人才，却离不开功夫的锤炼。不然你就不能理解为什么世界上有那么多人十年前见他是那样，十年后见他还那样。

有一个很经典的小故事：

三个工作不如意的年轻人，带着抑郁的心情一起去某寺拜见一位禅师："师父，我们在办公室被欺负，被潜规则，太痛苦了，求你开示，我们是不是该辞掉工作？"

禅师闭着眼睛，只说了五个字，"不过一碗饭"，然后示意他们退下。

回到公司，其中一个年轻人马上递上辞呈，回家种田，另一个年轻人依旧留在那家公司，第三个年轻人则选择了跳槽。十年过后，三人重逢，回家种田的那人已经成为了农民企业家，留在原公司的那位也当上了总经理，跳槽的那位仍然是老样子，包括他抑郁的心情。他不禁问道："当年我们去寺里，师父说的都是那五个字，为什么你们成功了，我还是老样子？"

农民企业家说："这只能怪你自己，师父当年说'不过一碗饭'这五个字，我一听就懂了——不过一碗饭嘛，既然不开心，何必留在这里，到哪儿不能生存，不能发展？你当时为何没听师父的话呢？"

留在公司的经理则说："我的理解与他不同。我认为师父说'不过一碗饭'，是让我少长点脾气，多长点本事，于是我就咬牙留了下来，现在想想真是那样，没本事，在哪儿还不都是受气？"

"你是怎么理解的呢？"两个人一起问跳槽的那个。他低下头，什么也没说……

他是怎么理解的呢？多半是把"不过一碗饭"当成了"哪还不能混碗饭吃"来理解。一个"混"字，决定了他的未来，也在很大程度上决定着很多人的未来。我们不能简单地把这种思想视作安贫乐道，知足常乐，事实上，这是一种不思进取、逆来顺受的要不得的思想。人，可以不成功，但不能不成长，一定要对得起自己每天吃的那碗饭。

2. 你的碗盛不下汪洋

人生就是一个碗，翻过来它就是坟。——这是我的朋友张绍民的一首短诗，把人生说得残酷又真实。

碗，在中国人的概念中绝不仅仅是吃饭的工具那么简单。一个有成就的人谦虚时，往往会说自己不过也是混碗饭吃；一个人找了个好工作，别人往往会羡慕他端了个金饭碗；一个人倒霉，丢了工作，叫做砸了饭碗……

碗，你很难说清它在中国具体代表了什么，但它却影响着每个人的生活，甚至决定了中国人的性格和生活哲学。有些人为了混碗饭吃，溜须拍马；有些人为了保住饭碗，谨小慎微，如履薄冰；有些人则勇敢地砸掉那个盛满鸡肋的饭碗，下海，上山，美其名曰不为一碗饭折腰，说白了还是找碗饭吃。

找饭碗没什么不对。人活着不是为了吃饭，但人活着终究要吃饭。没有饭碗，也就意味着下一顿饭没有保证。事实上，就连要饭的乞丐都有一只饭碗。在中国，丢了饭碗，无异于丢了人生。没有饭碗，基本上什么都没有。

所以，为自己，也为自己身边的人着想，中国人只要还有一丝力气，总是会下意识地尽量往自己的碗里多装一些东西，今天用不着，明天也可能用得着。自己吃不了，留给儿孙吃，也是好的。

明朝有一首有名的《十不足》诗："终日奔忙只为饥，才得有食又思衣；置下绫罗身上穿，抬头又见房屋低。盖下高楼并大厦，床前缺少美娇妻；娇妻美妾都娶下，又忧出门没马骑。将钱买下高头马，马前马后少跟随。家人招下数十个，有钱没势被人欺。一朝谋到知县位，又说官小势位低。一攀攀到阁老位，每日思想要登基。一日南面坐天下，又想神仙下象棋。洞宾与他把棋下，又问哪有上天梯？上天梯子未做下，阎王发牌鬼来及。若非此人大限到，上到天上还嫌低……”

俄国大作家托尔斯泰也写过一个类似意义的小说：

俄国有个农民叫帕霍姆，非常勤劳，却没有一块属于自己的土地。后来，他变卖了一部分家产，还让自己的一个儿子给别人做长工，提前从雇主那里拿到了报酬，又从亲戚那里借了些钱，买下了一块50公顷的土地。

但他并不满足。一天，帕霍姆从一位陌生人口中得知，伏尔加河对岸有人在大量卖地，而且非常便宜。帕霍姆便卖掉土地和田产，举家迁到伏尔加河对岸。这样一来，他的土地增加了10倍。

不久后，他从另一个陌生人口中得知了一个更好的消息：在遥远的巴什基尔，仅用1000卢布就可买下500公顷的土地。那个陌生人还告诉他，如果与当地的头领搞好关系，价格会更便宜。

帕霍姆非常高兴，他带着一个仆人，携带重礼，很快来到巴什基尔人的领地。帕霍姆把礼物送给他们，并告诉他们自己是来买土地的。巴什基尔人非常高兴，带他去见头领。帕霍姆又给头领送上一份厚礼，头领也很高兴，对他说：“我们这里有的是土地，你想选哪块地就选哪块地。”首领还告诉他：“只要交1000卢布，你一天走多远，走过的土地都是你的。不过在太阳落山之前，你必须返回出发地点。”

帕霍姆听了非常高兴。第二天黎明，他就开始争分夺秒拼命赶路，一刻也不曾休息。他尽量让自己走得更远一些，但是在走土地的第四条边的时候，他突然发现，太阳快要落山了！于是，他不得不走斜路向起点跑去。可是已经晚了，就在离起点两步远的地方，他筋疲力尽而死。不过，他倒下的时候，双手刚好触到了起点那条线——他用生命换来了那片无比宽广的土地。帕霍姆死后，他的仆人在地上挖了个坑，把他葬在那里——那个坑宽三俄尺，长六俄尺。

相比来说，小品《心病》就说得简单多了：人生在世屈指算，最多三万六千天；家有房屋千万所，睡觉就需三尺宽！总结起来四句话：人好比盆中鲜花，生活就是一团乱麻，房子修得再好……

我们也需要总结一下：人生就是一个碗，能存下些余粮固然好，但不顾它的容积，反而会把它搞破。你的碗里盛不下整片汪洋，你的人生也不应该让一只碗来指导。

3. 饿了就吃，困了就睡

慧海禅师是唐代著名高僧，因其俗家名姓“朱”，且被当时的禅门领袖马祖禅师誉为如珍珠般“圆明光透”，所以时人又称其为“大珠和尚”。有一次，几个僧人专门去向他求教，其中一位说道：“听说您修习禅道非常用功？那您是怎样用功的呢？”

慧海说：“很简单，饿了就吃饭，困了就睡觉。”

几个人脸上露出不屑神情，说：“世上有谁不是饿了吃饭、困了睡觉？这也叫用功？”

慧海说：“当然是用功。不过你们只知其一不知其二：众人虽然也是在吃饭、睡觉，但他们吃饭时百般挑拣，睡觉时辗转反侧，跟我完全不同。”

这位高僧的回答，确实是现实生活中很多人的真实写照。吃饭、睡觉再平常不过，茶饭不思、彻夜难眠者大有人在。之所以，就在于人们在吃饭、睡觉方面“用功”不够。

我们姑且抛开睡眠，只说我们本节的主题——如何在吃饭上“用功”。

在吃饭上用功，首先要静下来。古人云：吃不言，寝不语，说的是吃饭、睡觉的时候不要说话。睡觉时不说话当然容易做到，但吃饭不说话就很难做到了。尤其是对中国人来说，让人吃饭不说话简直是一种惩罚。每到饭店，无论是推开哪家饭店的门，里面大多人声鼎沸，赛过菜市场。这边是碰杯声，那边是划拳声；东边是高谈阔论，西边是笑声朗朗；还有摔桌子的，骂粗口的，教育孩子的……总之什么声音都有，直令某些自助类饭店的服务员动辄以最高分贝高声吆喝——“肉丝面好了！”“刀削面好了！”不使点劲，还真的听不见。

我在很多个大学食堂中用过餐，相对来说，那里边的环境算比较安静。不过，安静不等于没有声音。即使是小声，中国人吃饭时也是要说说的。说什么呢？主要还是说工作，次要的则是与工作相关的一些八卦，比如某同事、某领导、某职业，等等。大家边说边吃，十分开心，饭菜本身的味道，远不如话题的味道提胃。

如果是与商业活动有关的宴请，那么吃饭根本就是次要的，说话、办事，那才是真正的目的。在那样的场合，点每一道菜，点多少道菜，都是有名堂的；敬一杯酒、喝每一杯酒，都是要有很多语言铺垫、配合的；说每一句话，都是要三思的……

我们总是在谈静心，明着谈，暗着谈，开门见山地谈，拐弯抹角地谈，但归根结底，我们其实并不需要刻意去谈，因为静心无处不在，包括吃饭。遗憾的是，人们吃个饭都静不下来。相应的，也就可知人们在其他方面的状态有多紧张了。

人们静不下来，人们紧张，并不代表人们的生活本身有多紧张。

真正紧张的是人们的心，其根源则是欲望。据我所知，事实上很多朋友也有所耳闻目睹，生活中很多人，尤其是一些可以称得上精英的人，明明已经拥有了不错的事业，有稳定且较高的收入，甚至本身就是老板，既有时间自由，也有财富自由，可以随心所欲地安排自己的生活和工作，但他们感受到的压力却往往比普通人更甚。究其原因，就在于他们总觉得目前拥有的还不够，还远远不够，还应该拥有更多。所以，开了公司的为上市奔波，有了豪车的为游艇努力，交了首付的为二套房加班……自己焦虑不安，也拖累得家庭不宁，四邻不安。

诚然，人不吃饭不行，人没有点欲望也不行。但人也不能一顿吃得太多，否则就会吃撑；欲望失控，人就会发烧。如果不及时退烧，人就会发狂，眼里除了欲望中的目标，再也不见其他。一旦失败，有心无力的挫折感和事与愿违的困顿感，就会源源不断袭来，让人陷在无穷无尽的焦虑中。一旦成功，也好不到哪儿去，因为他会掉入更大的欲望旋涡中，甚至直坠欲海，最终都不免淹死在自己的欲望中。

“饿了就吃，困了就睡”，强调的是自然而然，鼓励追求，但不鼓励强求。前面说过的高僧也是如此，他们也有追求，比如弘扬佛法，既有精神上的，也有事业上的。有追求，就得用功。而“饿了就吃，困了就睡”这种用功法，看似一无用处，实则有大用。吃好了，才有体力；睡好了，才有精力。吃好了，睡好了，一般来说心情也不会差到哪儿去。好体力，好精力，好心情，这是任何事业、任何追求的基础和前提。

现在，很多人都在追求养生，不惜花费大量时间、金钱去听讲座，吃药膳。其实，这还不如学会吃饭。我们的身体，有它自己的智慧；每个人的脾胃，都需要灵魂的照料。我们要在心怀感恩，放松、宁静的基础上用用功，也即专注于每一口食物，感受它的美味和温暖，带着喜悦的心情去品味，去品尝，去觉知。那才叫真正的吃饭。

第八章

静心是一盏茶

1. 人生如茶，茶如人生

从前有座山，山上有座庙，庙里有个老和尚，佛法非常高。突然有一天，一个失意的年轻人来到庙里，求老和尚帮他剃度，恳请皈依我佛。

“我看施主尘缘未了，还是请回吧!”老和尚不肯收他为徒。

年轻人沮丧地说：“大师，我屡屡失意，连连受挫，您为什么不肯收我为徒，让我跳出苦海呢?”然后，年轻人一边叹息，一边向老和尚诉说自己的遭遇。

老和尚静静地听着，如同入定一般，直到年轻人说完，仍然不发一语。年轻人很奇怪，问道：“大师为何不说话?”

老和尚并不回答，只是吩咐身边的小和尚：“这位施主远道而来，速去烧一壶温水送来。”小和尚答应一声，转身离去。

不一会儿温水送到，老和尚抓了一撮茶叶放入杯中，然后注入温水，放在年轻人面前，微微一笑，道：“施主，请用些茶。”

年轻人一看，杯中之水半开不开，杯中茶叶全部浮在水面上，一看就没有泡开，于是问道：“请问大师，贵寺怎么用温水冲茶?”

老和尚微笑不语，只是重复道：“施主远道而来，口中必定饥渴，先请用些茶吧。”年轻人只好端起杯子，轻轻咂了两口。

“请问施主，这茶可香?”老和尚问道。

听到询问，年轻人又咂了两口，细细品味一番后，摇头说道：“这是什么茶?一点茶香也没有。”

老和尚笑笑说道："此茶乃是闽浙名茶铁观音，怎么会没有茶香？施主不妨再饮。"

年轻人心说，的确是没有茶香啊！他端起杯子，又喝了两口，再三品味，仍然没有茶香。这次，他肯定地说："真的没有一丝茶香。"

老和尚又是一笑，再次吩咐小和尚："烧一壶沸水送来。"小和尚听命而去。

不一会儿，一壶冒着热气的沸水送到。老和尚又取来一个杯子，放入茶叶，然后提壶注入少许沸水。年轻人一看，杯中茶叶上下沉浮，顿时便有一丝茶香侵入鼻间。

茶香诱人，年轻人禁不住伸手去端杯子。却听老和尚说道："施主稍候。"说罢提起水壶，再次注入一缕沸水。这一次，杯中茶叶上下沉浮得更加迅速杂乱。同时，一缕更醉人的茶香随水飘腾出杯子，刹那间满室清香。

年轻人见了，不禁叹服其茶道之精、之妙。

就这样，老和尚连续往杯中注水五次，杯子将满未满，一杯碧绿，满室生香。

老和尚笑道："施主请用此茶。"

年轻人端起杯子，浅咂慢饮，顿时唇齿生香，更是赞不绝口。

"施主可知道，为何同是铁观音但茶味迥异？"老和尚问。

年轻人答道："大师先用温水，后用沸水，应该是调水不同吧。"

老和尚会心一笑："不错。茶道首重茶质，次重用水。用水不同，茶叶沉浮就不同。用温水冲茶，茶叶浮在水上，不经沉浮，茶香就不会散逸。用沸水冲茶，再掌握一定的技巧，茶叶上下浮沉，反复多次，自然就会释放出春雨之清幽、夏阳之炽烈、秋风之醇厚、冬霜之清冽。施主，人生亦如茶道，必经沉浮，方可成大器。施主有心向佛，则无处不是三宝地。施主，请回吧！"

人生如茶，茶如人生。不经历风雨，人生就如同温水沏茶，淡而无味；经历些许磨砺，正好像沸水沏茶，沉浮之间自有一缕清香。

每个生命都是一枚茶，每一枚茶都是一叶生命之舟，载着生活，也浸在生活的沸水中，浮沉、翻滚，痛苦是必然的，但也正是这痛苦的洗礼，才能让蜷缩的身心舒展开去，唤起生命的芬芳。

我们自己都有类似的体会。如果日子过得太平淡了，我们就会觉得“没意思”，就会有意无意地去找点“刺激”。既如此，我们为什么不能敞开怀抱，接受那些上天赐予的“刺激”呢？

如果不经历世事浮沉、人事无常的洗礼，当初的懵懂少年就不会走向成熟。而一个不成熟的人，可能也会成功，但绝不会很幸福。幸福的真谛，只有遭遇过不幸的人才会懂。如果一个人不曾失意，他又怎么能明了失意与得意之间的差距？

话虽如此，很多时候，很多人在并不太残酷的现实面前败下阵来，选择认输或放弃，并把自己鉴定为“不幸人氏”。这无疑是人生的最大黑洞。人生最大的不幸，就是总认为自己是一个不幸的人。

其实我们应该反过来想想，世界上有谁不曾失意呢？生活的辩证法告诉我们，没有人总是能从胜利走向胜利，更没有人能像祝福语中说得那样“万事如意”。但正因为生活充满了不如意，人们才会迫切地想逃离它们，同时尽量接近那些令人向往的东西。西方人说，“失败是成功之母”；我们则说，失意与得意是一对如影随形却势不两立的兄弟。是让失意占据你的生活，还是让得意充满你的日子，完全取决于你的态度。如果你支持失意，选择在失意中沮丧下去，那么失意就会像乌云一样，弥漫不去，且越积越厚，最终变成酸雨，灼蚀你心中所有能被灼蚀的东西。如果你支持得意，得意便会助你把失意沏成一杯好茶，虽滚烫，亦芬芳。

当然，你也可以保持中立，豁达超脱于生活，悠然行走于世间，既不刻意追求得意，也不刻意躲避失意；赢了，要知道这很平常，输了，也是清楚这很正常；登高峰，就唱响自我；落低谷，就聆听天籁……这样，你才能炼出一颗真正的平常心，在失意得意交织的人生路上，潇潇洒洒、随遇而安地走下去。

2. 把江湖险恶煮成一杯好茶

有人的地方就有江湖，有江湖的地方就有酒。

为什么不是茶呢？因为茶是高层次的东西。在江湖上，只有少林方丈、武当掌门一类的人出场时，才有茶出场。更多的江湖豪客们，则是“浊酒一杯家万里”。

什么是江湖呢？很难给出一个符合所有人的答案，我们只能聊聊江湖的源头。

宋代时有两位重量级的禅僧，一位是马祖道一，另一位是石头希迁。马祖大师在江西修行，希迁禅师则在湖南衡山一块大石头上结庵而居。当时的青年学僧不是到马祖那里参学，就是到希迁那里求证。从江西到湖南，就叫“走江湖”。当然从湖南到江西也叫“走江湖”，而不能生搬硬套为“走湖江”。我们知道，过去交通条件很不发达，从湖南到江西也好，从江西到湖南也罢，僧人们只能靠两条腿，这样的旅程，虽不像武侠小说中写得那么刀光剑影、惊险刺激，但千里迢迢，风尘仆仆，一路的艰辛可想而知。所以，用“走江湖”来形容世路，形容我们的人生路之难行，倒也非常贴切。

很多人疑惑：江湖上血雨腥风，为什么还有那么多人向往江湖？

其实很简单，学僧们不“走江湖”，就得不到名师的指引，就得不到觉悟的法门。至于武侠小说里的江湖，它固然险恶，但也有其令人无法抵挡的可爱之处。往俗里说，江湖上有富可敌国的财富、倾国倾城的美女、高高在上的权势，再不济也有女儿红、猪蹄膀和快意恩仇；往雅里说，江湖上有名山大川、有闲情逸致、有一叶扁舟、有禅茶一味、有人间正道。所以，我们要正视江湖，正视江湖中的险恶，因为它是江湖不可或缺的一部分。江湖不险恶，比江湖缺了大侠还严重。因为大侠正是险恶孕育出来的。

我们不妨从煎茶的过程中找些灵感。

所谓煎茶，简单来说就是煮茶。今天的人们，大多都是把水烧开，然后冲沏茶叶。但在古代，人们却是把茶叶直接放进水里煮。当然，煮茶是有技巧的，有着“茶圣”之称的陆羽在《茶经》中有详细记载，简单说来就是在水略微沸腾时放入一点点食盐，以调和味道；同时舀出一瓢水备用，待水完全沸腾时，放入茶叶，适当搅拌，使其均匀。当茶汤煮到有“奔涛溅沫”之势时，将刚才舀出的那一瓢沸水倒入锅中，使其停止沸腾，即可饮用。

——我们的重点不是介绍煮茶，而是说，成就一碗茶，很不容易，想唤起茶叶自身的香气，茶叶就要跳进“水深火热”里，用开水洗脸，吻火，吃火焰。这么说来，每一枚茶叶都是大侠。同样，一个人也不容易。当然，最不容易的是心。茶也好，人也罢，皆由心生，世道险恶也好，江险险恶也罢，亦不过心之映像。做人，既不能始终活在温吞水中，也难逃生活的水深火热，那么，就要精通茶的哲学，痛饮生活的煎熬，在沸腾中升华自己的灵魂。

做茶难，做人更难，做个好人就难上加难。这不仅在于好人本身难做，需要时刻以超强自律约束自我，还要时不时面对坏人的排挤。然而，正如同所有茶叶只有在热火沸汤中才会舒展开蜷曲的身骨一样，我们不仅要做好人，还要坚持做个好人。

相传苏东坡与佛印二人去喝茶。店小二见佛印是个出家人，穿得也不好，招待时就显得特别冷淡，而对苏东坡则十分热情。苏东坡看不顺眼，就婉言暗示店小二对佛印客气些，但这个店小二显然是个势利小人，从头到了，他始终对佛印很冷淡。

苏东坡不高兴了："结账!"佛印一听赶紧说："我来。"说罢掏出一些散碎银子，有多没少，递给店小二，店小二一看，原来是位阔和尚，赶紧道谢，态度瞬间变得非常谦恭。

刚走出茶馆，苏东坡就问佛印："这家伙态度很差，是不是?"佛印说："没错，他……"佛印还没说完，苏东坡又问："那么你为什么还对他那么客气，客气也就罢了，居然还赏钱给他?"佛印说："这你就学不来了——有时候，小人也要当君子养!"苏东坡哈哈一笑，说："的确，我真的是学不来!"

苏东坡学不来的东西，恰恰是我们需要学、好好学、深入学的东西。人心险恶固然不假，但人心更多的时候不过是有些发自人性的弱点而已。就像那个店小二，他不过是个势利小人而已，但与坏人还差得太远。我们要把江湖险恶泡成一杯好茶，但不要认定每一杯茶里都有一个险恶的江湖。社会上有小人，再正常不过，这就好比每家茶店里都既有好茶，也有稍微差些的茶。差些的茶，喝时也要有好心情，差些的人，更应"好好"对待。太阳照在好人头上，也照在坏人头上，照在不好不坏的人头上；这世上，好人喝茶，坏人、小人也喝茶，这即是一杯茶教导我们：做人与做茶一样，既要有内心的高远，也要学会应对世俗。而有些人的江湖险恶，正是因为他们不谙或者说不屑其中的道理。

3. 茶可以凉，心不能凉

“人走茶凉”，出自京剧《沙家浜》中阿庆嫂的唱段：“时过沧桑，人走茶凉，望月思乡已是昨日过往……”关于京剧，由于不了解，不敢妄论；可以肯定的是，“人走茶凉”或许是汪曾祺先生（《沙家浜》作者）的原创，但“人走茶凉”的情形恐怕可直接追溯至上古社会。只不过人们的表达方式有所不同，在有的地方，叫作“穷在闹市无人问，富在深山有远亲”；在有的地方，则叫作“将军马死人吊孝，将军死了没人抬”，等等。

人走茶凉，喻的是世态炎凉，与茶本身凉不凉无关。人不走，时间长了，茶也会凉，这是自然规律。很多人之所以对“人走茶凉”深恶痛绝，痛的是有些人“忘恩负义”，乃至“恩将仇报”。不然，人走不走又如何？茶凉不凉又何妨？人固然会走，情未必会断。有时候，人走得越远，情越是浓郁，义越是深厚。怕只怕，有些人没走，却咫尺天涯；有些人就在身边，却同床异梦。怕只怕，茶虽未凉，人心已凉。

人走茶凉，心不能凉。茶凉了还可以喝，心凉了很难再热。成熟的人，不仅要明白人走茶凉是正常现象，还要明白，自己的茶凉，往往与自己有关。

曹雪芹曾有《回头诗》云：“一局输赢料不真，香销茶尽尚逡巡。欲知目下兴衰兆，须问旁观冷眼人。”这诗说的是茶，但主要说的是棋，不过并不冲突，人生如棋，也如茶。人生没有回头路，开弓没有回头箭，他年种下如是因，如今才有如是果。如果你先前结交的都是势利小人，自然会有倍感人情凉薄的那一天；即使你结交的都是君子，那也要在“人走茶凉”时设身处地为朋友想一想，而不能狭隘地认定，暂时疏离的朋友，就不再是朋友。朋友永远都是朋友，那种碍于现实原因的暂时疏离，并不影响两颗心的距离。有时候，暂时的疏离，只不过是因为他认为这样做能更好地帮助你。另外，在冷眼观察世人的同时，我们也应冷静下来，观照自身：我们明明就在这里，茶却越来越凉，是不是因为我们自己做得不够好？

一局棋，一局人生。一杯茶，一杯沉浮。人有时候就像一枚棋子，往哪里走，往往由不得自己做主。人有时候又像一枚茶叶，在生活中上上下下，沉沉浮浮，也由不得自己把握。但人至少可以决定自己做个好人，做个光明磊落的人。

苏东坡曾经对弟弟苏辙说过：“吾上可陪玉皇大帝，下可以陪卑田院乞儿。眼前见天下无一个不好人。”事实上他也真的达到了这种境界。纵观苏东坡的一生，除了被起用，就是被贬黜，富贵和灾难始终相伴。但无论沉浮升降，他始终宠辱不惊，也始终坚持着自己的原则：只做好人，不做坏事。

苏东坡一生最凶险的遭遇莫过于“乌台诗案”。但他被捕下狱后，除了初时有些惊魂不定，后来便非常淡定了。他的想法是，反正自己没做亏心事，担心也没用，不如生死由命。因此他释然于怀，该吃就吃，该睡就睡，每晚呼噜打得山响。这种态度给他带来了好运。一天，打不定主意的宋神宗派人到监狱去暗探苏东坡，当来人回报说苏东坡吃了就睡，睡下就打呼噜时，宋神宗说：“我说苏轼没做亏心事，你们就是不信。”于是网开一面，把他贬到黄州了事。

如果说苏东坡一定要恨一个人的话，那么他最恨的人应该是新党人物章惇。章惇是个典型的妒贤嫉能之辈，尤其看不惯苏东坡。不为别的，只因他处处比章惇强。因此刚刚当上宰相，章惇便把时任礼部尚书的苏东坡贬到定州任太守。苏东坡还没走到定州，贬书又来了——去英州任从八品的承议郎。刚到英州第 10 天，又一道圣旨传来，命他卷铺盖去惠州任宁远军节度副使。在惠州，苏东坡写了一首小诗："白头萧散满霜风，小阁藤床寄病容。为报道先生春睡美，道人轻打五更钟。"这本是一首苦中作乐的小诗，但传到章惇耳中，却恨得牙根发痒："想不到苏东坡还过得这么舒服！我让你春睡美！我让你春睡美！"当即把苏东坡放逐到了他所能放逐得最远的地方——海南岛。在各方面都很落后的海南岛，苏东坡食无肉、病无药、居无室、出无友、冬无炭、夏无泉，但他不怨天，不尤人，很快就和当地百姓打成一片，教当地子弟学习文化，居然教出了海南有史以来第一位进士！这自然令百姓更加敬重于他，但也更让章惇气不打一处来。于是他又下了一道"命令"：苏东坡从此不得签署公事！把他教授学生知识的权力也给剥夺了。

不是不报，时候未到。公元 1101 年，宋徽宗即位，将章惇革职流放，并让已 65 岁的苏东坡速速北归长安，官复原职。当朝状元章援，也就是章惇的儿子，认为苏东坡北归后定能拜相，也定会报其父屡次迫害之仇，于是他便先写了一封信给苏东坡，一再乞求苏东坡能放他父亲一马。苏东坡收到信后，立刻回信，表示自己虽与其父不和，但都是为了国家利益，同时对章惇偌大年纪仍要被流放深感同情，并希望他能多多保重身体，早日归返。更不可思议的是，苏东坡还在信中提供了一些养生的体会。返京后，又经常请章援到自己府上，嘘寒问暖，彻夜谈心，令章援感动至深，不止一次地感慨："您的肚量与我父相比，一个天上，一个地下啊！"

林语堂先生曾这样评价过苏东坡："像苏东坡这样的人物，是人间不可无一难能有二的……我们未尝不可说，苏东坡是个禀性难改的乐天派，是悲天悯人的道德家，是黎民百姓的好朋友，是散文作家，是新派的画家，是伟大的书法家，是酿酒的实验者，是工程师，是假道学的反对派，是瑜伽术的修炼者，是佛教徒，是士大夫，是皇帝的秘书，是饮酒成瘾者，是心肠慈悲的法官，是政治上的坚持己见者，是月下的漫步者，是诗人，是生性诙谐爱开玩笑的人……苏东坡的人品，具有一个多才多艺的天才的深厚、广博、诙谐，有高度的智力，有天真烂漫的赤子之心。说到底，他是个好人，从未做过一件坏事。”

林语堂先生唯独没说，苏东坡也是个茶道中人。但是没关系。事实上，我们也并非找不到苏东坡饮茶的相关案例，只是我们觉得，喝不喝茶，饮不饮酒，吟不吟诗，参不参禅，开不开玩笑，苏东坡还是苏东坡，也是唯一的苏东坡。因为他的本质在那里。就如同好茶，不论冲与不冲，自身就带着本质的香气。历史有了这样的人，才更有可读性。从一定程度上来说，茶可以不喝，但苏东坡不能不读。墨香，远比茶香更重要。

4. 好茶还要好功夫

说到茶，尤其是说到茶道，就不能不说说日本。

在日本，有所谓茶道四规，即“清、敬、和、寂”，据说是日本丰臣秀吉时代（公元1536～1598年）的茶道高僧千利休总结出来的。那么什么是“清、敬、和、寂”呢？看故事：

话说千利休有个俗家弟子，名叫珠报。珠报家附近有水口井，水质清洌甘甜，非常适合泡茶。每天大清早，珠报都会去井台汲水，用以招待访客。但每一次他都会尽力避开众人，不让别人看到他汲水的过程。人们觉得非常奇怪。

一天早晨，珠报出门稍晚了一些，结果在汲水回来的路上遇见了熟人。熟人问："珠报，这么早去哪儿了？"珠报无法回避，只好搭腔："汲水去了。"等熟人离开后，珠报当场把水倒在了街旁，提着空桶而回。

旁人见了，更觉得珠报不可思议。直到很久以后，珠报才说破："我不想用含有杂念的水泡茶招待客人。与人搭话时，杂念就会渗入水中，用这样的水煮茶待客是对客人的不礼貌，是我绝对不能接受的。"而茶道中人则解释说：珠报清早汲水，体现的就是茶道的清；将掺入杂念的水倒掉，突出了茶道的敬；与途中人不可避免的结交，体现了和；自始至终平静地做完这件事，则传达了茶道的寂。

看明白了？这个故事的解释实在有点牵强。所以，我们不得不请千利休亲自出马：

有一次，有一个叫上林竹庵的人邀请千利休参加自己的茶会。千利休爽快地答应了，并带众弟子前往。上林竹庵非常高兴，同时也非常紧张。千利休和弟子们进入茶室后，上林竹庵开始亲自为大家烹茶。但是由于他太紧张了，手有些发抖，致使茶盒上的茶勺跌落、茶具倾倒、茶水四溢，显得十分不雅。千利休的弟子们见了，一个个窃笑不已。

可是茶会一结束，作为主客的千利休却赞叹说："主人的茶道堪称天下第一。"弟子们觉得千利休的话不可思议，便在回途中问千利休："茶勺都掉了，茶具都倒了，还算得上天下第一？"千利休解释说："那是因为上林竹庵为了让我们喝到最好的茶，一心一意去做的缘故。我仔细地观察过他，他并没有留意这些情况，他只管一心做茶。这种心意是最重要的。”

千利休的意思，用现代话来表示就是，没有天下第一的茶道，只有天下第一的虔诚心。而所谓“清、敬、和、寂”的茶道四规，也大可简化为两个字——用心。

同样一份茶，同样一杯水，同样的茶具，同样的时间、地点，甚至同样一个人，泡出来的茶却往往不同，关键就看一颗心。同样，茶道即世道，茶道即人道，只要怀着天下第一的敬业精神、负责态度，就不难成为个中高手。因为这世上根本就没有做不好的事，只有做不好、不好好做的人。

还说苏东坡吧。有一次，苏东坡从黄州赶往京城，特意带了一坛水，看望宰相王安石。为什么要带一坛水呢？因为当初苏东坡在京城任翰林时，王安石曾特意对他谈及，自己有痰火之症，服药难以除根，必须用长江三峡中中峡之水烹阳羡茶，方可根除。可惜三峡远在四川，刻意去取，劳民伤财，你故乡就在四川，以后若是得便，不妨给我捎一坛回京。因此这次上京，苏东坡特意取道三峡，并舀了一坛中峡之水，送与王安石。然而，当王安石命人将苏东坡带的水烧开，泡完一杯阳羡茶后，开口就问：“你这水是从哪里得来的？”苏东坡说：“巫峡啊！”王安石一笑，说：“你又来欺侮老夫了。《水经注》说：长江三峡，上峡瞿塘峡水性太急，下峡西陵峡水势太缓，唯中峡巫峡之水不缓不急，煎阳羡茶后，正是老夫这毛病的良方。但我看用你这水烹茶后半天才现茶色，所以怀疑你这是下峡水……”王安石还未说完，苏东坡已经离座请罪，因为他带来的水正是下峡之水。当然，他并不是有意欺骗，而是因为船至三峡时，他只顾着饱览两岸风光，等到想起王安石的嘱托，船已经到了下峡，加之左右皆说，三峡之水，上下一脉，并无分别，苏东坡本人也对王安石所谓的“必得中峡之水烹阳羡茶方可根除”不以为然，所以就自下峡取了一坛……

“茶圣”陆羽也有一段类似的传奇：有一次，一个久闻陆羽大名的刺史，邀请陆羽品茶，并问：“煎茶之水哪里最好?”陆羽答：“山泉水最好。”对方又问：“天下名泉中，哪里的水最好?”陆羽答：“扬子江南零水。”刺史便派两个士兵立即去取南零水，以验证陆羽之说。士兵奉命前往，取了满满一桶，但归途中因为风浪，桶里的水洒了一半，士兵怕受责怪，就舀了半桶江水加满，回来交差。但陆羽见到水后，立即说道：“这是扬子江水，但不是南零水。”两个士兵争辩道：“这是我们亲自到南零取的水，还有很多人亲眼目睹……”陆羽不置可否，让士兵提起水桶，倒入旁边的池中，刚倒一半，陆羽忽然叫停，说从这里开始才是南零水。士兵顿时心服口服带折服，自己道出原委……

这两个茶典，强调的还是“用心”二字。王安石能够分辨出三峡之水，是因为他读过《水经注》，是一种广泛的用心，是一种博览；而陆羽能分辨出南零水，则是因为识水辨茶本是他的专业，丝毫马虎不得，不然能叫“茶圣”？好茶，还要好功夫，人世间的事情也概莫能外。办什么事，只有尽心尽力，才能做好，才能做到更好、最好，精益求精。当然，有些时候，用心未必能把事办好，所谓“谋事在人，成事在天”，然而即便如此，我们至少可以做到问心无愧。

5. 没有茶喝的日子

茶道有言：“茶无贵贱，人分雅俗。”可以说，但凡争论什么雨前茶、雨后茶，执着于什么高档茶、特供茶者，都不是纯粹的饮茶人。

茶乃山中灵木之精华，犹如世间之君子，注重的是性情、学识与修养，饮茶，重在品味，喝的是一种心情，一种感觉。心情不好，就算是喝玉液琼浆，也不知其味。同样，如果能怀着同样的心情喝一杯白开水，白开水也能让你感动，让你气朗身清。

茶无高下，人有高下，甚至有明显的好坏之别。然而人世间的事情有很多不合情理，比如：好人往往喝不上好茶，喝不起好茶，甚至连吃饭都成问题。

关于喝茶的妙处，古人有诗云："一碗喉吻润，两碗破孤闷；三碗搜枯肠，唯有文字五千卷；四碗发轻汗，平生不平事，尽向毛孔散；五碗肌骨清，六碗通仙灵，七碗吃不得也，唯觉两腋习习清风生。"如果真有成仙之道，想必少不了茶。既然成仙无望，做人又这么艰难，也只有茶，能让人找到类似的感觉。

喝茶既有这么多的妙处，无茶可喝时，遗憾自然也少不了。对此，古人也没少作诗。元杂剧《刘行首》写道："教你当家不当家，及至当家乱如麻。早晨开门七件事，柴米油盐酱醋茶。"唐伯虎《除夕口占》一诗写道："柴米油盐酱醋茶，样样都在别人家。岁暮清淡无一事，竹堂寺里看梅花。"如果说前面这两位还只是为包括茶在内的"开门七件事"犯愁、自嘲的话，那么清代这位无名氏直接就是恼火了："前门索债乱如麻，柴米油盐酱醋茶。我亦管他娘不得，后门走去看梅花。"人生充满了遗憾，当琴棋书画诗酒花已经降格为柴米油盐酱醋茶，还没有茶，则可视为遗憾中的遗憾，升级的遗憾。毕竟，茶是"开门七件事"唯一与肚子无关、与灵魂相关的物事。

好在还有水，还有神圣的水，还有水滋养伟大的心灵，滋养物质世界的一切尴尬。

茶不过是水的代言人，有些人不过是物质的代言人。有茶喝，有好茶喝，自然再好不过。只能喝廉价茶，甚至廉价茶也喝不起，也不必难过——因为在茶走进人们的生活之前，人们都是喝水。直到现在，不也有人不喝茶、只喝水吗？

我们要明白，喝茶的主要目的，是享受那一种静心的氛围，远离燥热、愤怒、冲动，重回理智与超脱。当然，这种氛围不一定非茶不可，只要能做到心如止水，喝不喝茶并不重要。

当然，心如止水并不能解决所有的问题。没有茶喝固然遗憾，但恶化下去，岂非要连饭都没得吃？这样看来，喝茶其实是一种高级要求。在温饱之后，在内心超越之后，人才会进入真正的喝茶的境界。在人生不如意的时候，大多数人是不会太讲究喝茶的，因为没有那个条件，也没有那个心思，只要喝口水，解渴就行。解完渴，还要去解决问题。“柴米油盐酱醋茶”，开门七件事，茶放在最后，其道理就是如此。

茶前饭后，尤其是没有茶喝的日子，要经常思量一下：为什么我们的生活如此艰难？如何才能让未来变得美好？

答案是：向水学习。

首先要学习水的适应性。水是自然界最能适应的东西。把水放在方的器皿里，水就是方的；把水放在圆的器皿里，水就是圆的；天气热了，水就蒸发；天气冷了，水就凝结；水从高处流下，有断崖就形成瀑布，有高山就形成深湖。人们常说，人世间没有过不去的坎，水也没有过不去的坎。有些地方表面上看起来水过不去，但水已经悄悄渗透了过去。我们做人，要像水一样适应生活，适应我们的朋友和家人，也尽量适应社会上的每一个人。切不可让人一味地适应我们。

其次是学习水的兼容性。水与茶在一起，就是茶水；与咖啡在一起，就是咖啡……哲人说：一滴水若想不干涸，唯一的办法就是融入大海。做人，都想做大海一样的人；而做大海，首先要做“大”，要不择细流，甚至不择“毒流”。大海最壮美，其实大海也最脏。因为水流千遭归大海，大海是一切脏水的最终归宿。但站在另一角度看，大海之所以博大，也是因为它从不拒绝四面八方奔流而来的各种水流，清澈的、浑浊的、肮脏的、臭不可闻的、剧毒的，这对大海来说，都不要紧，只要水肯去，它都能包容。人们说，要拥有大海一样的胸怀，言下之意也就是人说要像大海一样，善于包容人间种种。当一个人明白了我们交朋友交的是朋友的优点，明白了“沧浪之水清兮，可以濯我缨；沧浪之水浊兮，可以濯我足”的时候，那么一个人走到哪里，都不愁交不到朋友。只不过他时刻都明白，有些朋友是过客，有些朋友则是永远的知己。

最后，要修炼水一样的品性，水一样的德行。众所周知，水是纯柔之物，然而自古就有“水滴石穿”之说。现代人发明的“水刀”，则是老子“以柔软克刚强”的最具说服力的典范。不论是纯钢的钢板，还是坚硬的石头、陶瓷，在“水刀”面前都变得轻而易举。古人又说：“抽刀断水水更流”。水是人类永远也无法战胜的东西。大禹“治”水，不过是自欺欺人，归根结蒂是人类适应了水、遵循了水。

至于水的德行，老子直接把它推到最高境界——“上善若水，利万物而不争，处众人之所恶”。水是生命之源，水不仅造化生命，还滋养生命，但水从来不像某些做了一些事就叫苦叫累、邀功请赏的人，而是“处众人之所恶”，即向人们不喜欢的地方流动——水往低处流，而人是想尽一切办法向上走，为了向上走，有太多的人不择手段，叫嚣“挡我者死”！而历史经验告诉我们，此类人氏往往死在别人前头。侥幸没死者，其感受也是“如人饮水、冷暖自知”。

这样说来，不管有没有茶喝，我们都得好好品味一下水。

第九章

静心是一杯酒

1. 人生得意须尽欢

说到酒，尤其是刚刚说过茶，再说酒，仿佛一下子俗了起来。在很多人头脑中，尤其是那些不好酒的人头脑中，这种念头可能更浓烈一些。这不能怪他们，现实生活中的确有太多与酒有关的丑事、恶事、不雅之事。有太多的酒友，碰在一起，就喝酒，喝个天翻地覆、喝个杯盘狼藉，喝个斯文扫地，喝个锒铛入狱。

然而这并不是酒的问题。“酒是色媒人”，这不假，但很多“风流”不也都是茶“说合”的吗？关键看人。若是君子，醉死也是君子。只有小人，才善于借酒装疯。

常言道：“民以食为天，食以酒为先。”酒的历史即使不早于茶，但也不会太晚。茶有静心之功，酒也有保健之效。此外，在古代，酒还有特殊的身份——祭祀用品，用来通神、祈福。时至今日，亲朋好友之间、同事客户之间、情人知己之间，小聚小饮，仍是再正常不过。不得不品尝孤独时，也可以独酌。酒，比茶更能深入人心，更能抚慰那些孤独的人。

网友们说：“哥喝的不是酒，是寂寞。”这不是调侃。一杯杯佳酿入喉，便不再是甘洌的酒，而是人世间的风风雨雨，百态中的苦辣酸甜。

酒能抚慰人，也能彼此抚慰。北方人喝酒时常说：“什么都别说了，都在酒里头。”的确，一切都在酒里头，人生都在酒里头。是朋友，够爽快，就干了这杯“什么都在里头”的酒。在身体允许的情况下，切不可玩什么“以茶代酒”。

“不懂酒的人不懂人生”。这话说得有点绝。不过，不懂酒的人，至少不懂酒中的人生。“醉里乾坤大，壶中日月长”，人生如酒，需要一种浪漫情怀，去点缀，去升华。

人生如酒，酒如社会。种种包装，种种档次，种种口味，恰如人生，千姿百态。每个人都希望自己是陈年佳酿，入口芬芳。可佳酿是时间的积淀，是岁月的洗礼。世界上，假酒泛滥，假冒伪劣泛滥，假道学泛滥，假美女泛滥，缺的无非是酒一样的真性情，实胸怀——谁说酒与静心无关？

人生需要积极进取。但征战人生之前，没有美酒饯行，岂不欠缺些豪情？功成名就之后，没有美酒庆功，岂不更令人遗憾？更何况，人生无奈，世事无常，“黄金榜上，失龙台望”乃正常现象，谁也不想把浮名换作浅斟低唱，但失望之余，还能浅斟，还能低唱，无疑也是人间千百种无奈中最好的一种。

人生得意须尽欢——这是李白《将进酒》中的名句。表面看来，是在宣扬一种及时行乐、得过且过的生活理念。其实不然，诗人在这里表达的是一种积极的人生观——人生苦短，但快乐应永恒。“对酒当歌，人生几何”，人活百岁，不过三万多天，白驹过隙，忽然而已。人，一定要在生活中寻找快乐，拥抱快活。而快活的日子，怎能没有酒，怎么没有酒友？

李白是诗仙，也是“酒中仙”，一生与酒为伴。得意时，他喝的是皇上赐的御酒，长安市上的高档酒，落魄的时候，喝的则是普通农家酿制的水酒，或许也不免囊中羞涩、无酒可饮的日子。但这并不重要。有酒的李白，是“尽欢”的李白；没酒的李白，也是得意的李白。不然怎么叫“仙”？你见过哪个神仙愁眉苦脸？

酒，在李白看来，不仅是杯中物，怀中物，更是自己欢乐人生的一种寄托。尽管他的人生也有莫大遗憾，但他懂得及时行乐，及时举杯，让快乐的日子更快乐，让不快乐的日子也快乐。

李白的诗篇，大多充满活力，洋溢着欢乐，用专业的话说，那叫“浪漫主义”，而所谓浪漫，其实就是理想，就是不现实。而现实中的李白，也并非无忧，他只是不把忧愁记挂心间。

李白有名句曰：“抽刀断水水更流，举杯消愁愁更愁。”后半句简直普及得成了顺口溜。但有了酒的李白想必不会如此。李白也说过：“呼儿将出换美酒，与尔同销万古愁。”酒，是助兴的东西，而不是浇愁的东西。莫辜负了天地精华。

人们之所以喜欢李白，就在于他的作品中，少了些对“林花谢了春红，太匆匆”的感慨，多了些“人生得意须尽欢，莫待金樽空对月”的豪情。能欢乐时，就一定要欢乐。那样，在不欢乐的日子里，至少还有欢乐的回忆。

“人生得意须尽欢”，不同于“今朝有酒今朝醉”。人生在世，恰如李白，有得意，也有失意，得意的李白，我们或许不能比，但失意的李白，我们必须学。失意的李白，也是洒脱的李白，骄傲的李白。不能居庙堂之高，那就处江湖之远呗。对别人来说，那或许是一种无奈，是苦不堪言。但对李白来说，江湖不仅是精神的故乡，也是快乐的家园。官场与仕途，都是旅行。

假如真有时光隧道的话，相信很多人会选择穿越回唐朝，只为一睹李诗仙的风采，顺便问问他快乐的秘诀。但李诗仙多半会反问：找我干什么？赶紧去找自己的快乐家园。

2. 壶酒兴国，杯酒亡身

在中国历史上，以酒误国、因酒亡国的例子不在少数，“爱美酒不爱江山”的人在更是史不绝书。在民间，也不乏贪杯误事、酒后乱性的教训，所以，提起酒，尤其是提起酒徒，人们很少有好印象。

不过，我们早就说过，这不意味着酒一定罪莫大焉。先人发明酒，绝不是让人们来误事的。有些人，不喝酒，照样误事、照样误国。

那么，有没有以酒兴国的呢？有。

这个唯一的反面教案的主人公就是以卧薪尝胆著称于史的越王勾践。话说公元前 492 年，勾践被吴王阖闾打败，迫于无奈，带着妻子与大臣范蠡入吴国为质，卑躬屈膝，忍辱负重，终于让夫差相信了他的所谓“忠心”，放其回国。

回到越国后，勾践采纳范蠡与文种的建议，采取了一系列的措施，发愤图强，一心报仇。其中很重要的一项措施就是“十年生聚”，简单来说就是鼓励百姓多生孩子——生男孩者，奖酒两壶，外带一只狗；生女孩者，奖酒两壶，外带一头猪。同时，对变相不生孩子即晚婚晚育者给以相应的处置，女子十七不嫁、男子二十不娶者，其父母皆有罪……就这样，在酒的号召下，越国人丁兴旺，粮库丰盈，兵强马壮，上下同心，不仅打败了吴国，血洗前耻，还一举灭亡了吴国，将吴国并入了越国的版图。越王勾践，也由此成为春秋时期的最后一位霸主。

必须承认，勾践最终得胜，靠的不是酒。正如酒本身并不会误国一样，酒本身也不会强国。关键要看酒在谁手里，怎么用。这正是兵法中所谓的“运用之妙，存乎一心”。

当然，“善泳者溺于水，善战者死于兵”。善饮者，也难保不醉，一醉，就难免误事。所以，对于酒，我们还是应该保持神经清醒。如果不善于自控，那么最好别喝。

关于酒，我的一位酒友有个高论。有一天，他大着舌头指着一个“二锅头”酒瓶说：“这人，还不如一个酒瓶。一斤白酒放到酒瓶里，它稳稳当当，啥事没有；可一斤白酒装到人肚子里，没事儿他也能给你找点事儿，降不住，嗯，降不住……”

人不如瓶——这个看似有点意思的理论，其实并非原创。中国古代先贤们早就认识到了酒精的巨大魔力，甚至早在夏朝建立初，当仪狄把中国第一杯酒奉献给大禹品尝之后，大禹就说：“后世必有以酒亡国者。”夏朝与商朝的覆灭，都与末任统治者嗜酒甚至嗜酒如命脱不开干系。因此，周朝代商后不久，实际领导人周公就发布了一项严厉的戒酒令，也即《尚书》中的《酒诰》。周公给出了N多个必须戒酒的理由：浪费粮食、有损威仪、荒废政务、上天震怒等等。

国外有一个关于酒的经典寓言：当初，当人们栽下葡萄树但葡萄树长得并不茂盛且不开花不结果时，魔鬼便来到人们面前说：“如果想让葡萄树长得茂盛，开花结果，就要允许我宰杀七种动物，然后用它们的血来浇灌葡萄树。”得到允许后，魔鬼便宰杀了狮子、狗熊、老虎、狼、狗、公鸡和狐狸。当这些动物的血液灌溉在葡萄树根上时，葡萄树立即焕发出勃勃生机，并随即结出了七种颜色的果实，世界上从而有了各种各样的酒，而喝醉酒的人们，就会有前述七种动物的丑行。具体说来，是酒醉之人混勇如狮子，野蛮似狗熊，蛮不讲理的嘶吼时像老虎，说话狠毒如豺狼，搏斗起来像疯狗，狡猾且极具报复心似狐狸，贪色如同公鸡——不管公鸡身边有多少母鸡，它还是会去侵扰、霸占邻居家的母鸡。

同样，我们在前面也讲过，酒并非没有一点好处。“古来圣贤皆寂寞，唯有饮者留其名。”尤其那些能饮又能写点什么的文人，在历史上可谓大大有名，比如据说有“百觚之量”的孔子，标榜“众人皆醉我独醒”也没少借酒浇愁的屈原，“对酒当歌”的曹操，“纳酒收学徒”的扬雄，唯愿“座上客常满，樽中酒不空”的孔融，“酒熟吾自斟”的陶渊明，“斗酒诗百篇”“举杯邀明月”的李白，“白日放歌须纵酒”的杜甫，“酒饮三杯气尚粗”的白居易，“把酒问青天”的苏东坡，“今宵酒醒何处”的柳永，“举家食粥酒常赊”的曹雪芹，“一壶浊酒尽余欢”的李叔同……个个都是酒徒与文学家气质兼备的大家。书法、绘画等传统艺术，也与酒密不可分，吴道子、黄公望、王羲之、怀素、张旭、徐渭、郑板桥，个个都是好饮者。

饮酒的另一个好处，是能激发人的豪情。用老百姓话说，那叫“酒壮㞞人胆”；用张飞同志的话说，则是“厮杀汉怎能不饮酒？”荆柯刺秦王，有酒；关公斩华雄，有酒；梁山一百零八将，顿顿少不了酒……大军出征，要以酒壮军威；大军凯旋，要摆酒庆功勋；至于打醉拳，那更是离不了酒。

在上古时代，酒只是贵族阶级的专利。相应地，酒也就成了普通百姓的追求。在今天，还有一句话经常被人们挂在嘴边上：“吃香的，喝辣的。”香的大家都知道，但辣的是什么呢？自然是酒，难不成还是辣椒水？正是因为酒尤其是好酒难得，因此以酒待客，是中国家庭皆知的礼仪。有句话说得好：酒越喝越厚，钱越要越薄（赌博）。在中国，凡是能坐到酒桌上喝酒的人，都可以称之为朋友，尽管这种“酒肉朋友”往往说过了就算，但至少比陌生人强；然而，再好的朋友一旦坐到赌桌上，一旦赢走朋友哪怕一分钱，这朋友估计是难做了。

酒就是这么一种神奇的液体，它能让文人更文人，让艺术家更艺术家，让男人更男人，让陌生人变朋友，让酒肉朋友更进一步。当然也有人用酒浇愁，结果起了反作用，愁上加愁。但这不是酒的问题，而是人的问题。现代还时不时有些人渣以酒为名，帮犯罪犯子逃脱法律制裁，这更是对酒的亵渎。

话说到这个份上，自己都觉得像在给酒企做广告了。其实不然。我们的广告词永远都是——美酒虽好，不要贪杯！酒纵有千般妙处，终究还是可有可无的东西。没有酒，固然会让某些人提不起兴致；有了酒，也难免被某些人败了兴致。酒能激发文人的豪情，但不代表没有酒文人就写不出好东西。酒能激发将士们的血性，但有了酒不等于就能打胜仗。即便酒真的是艺术的催化剂，那也有其前提：你是不是个艺术家？

3. 一杯酒，一杯人生

就从那首被无数人翻唱过的名曲《酒醉的探戈》说起吧：为什么是跳探戈？而不是跳交谊舞、霹雳舞、狐步舞、街舞？因为探戈最符合我们的生活之道。必须两个人一进一退，才能跳出感觉来。不然，你进他也进，撞头；你退他也退，没得跳了。为什么要跳酒醉的探戈呢？因为人生无非进退，但作为一个正常人，谁愿意一退再退呢？没有一种醉酒的情怀，微醺的状态，还是跳不下去，勉强跳也跳不了多久。

一杯酒，一个舞台。中国历史上的大名人寇准，史书上说他生性豪放，热情好客，经常在家中设宴，与同僚夜宴。由于寇准的酒量不是一般的好，而且劝酒时往往先干为敬，因此经常喝得客人一塌糊涂。有一次，寇准向枢密副使曹利用敬酒，曹利用却不肯喝。寇准说："我劝太尉饮酒，太尉怎么不喝呢？"曹利用却铁了心，就是不喝。寇准面子上挂不住了，他生气地说："你这小子，竟敢如此无礼！"曹利用一听也火了，他站起来厉声回答皇上拔擢我曹某人在枢密院担任副使，相公却称我为小子，明天上朝时，我倒要当面问问皇上，这是何道理？”众人赶紧把二人劝开，但劝开的只是尴尬场面，从此以后曹利用把寇准当成了死对头，后来寇准被贬海南岛，就是曹利用罗织的罪名。

生活中，这样的例子也屡见不鲜。本来关系不错，但喝着酒、聊天天，却翻了脸，好事变成坏事，甚至酿成悲剧。其实，美酒当前，朋友环伺，拼得一醉又如何？当然，作为主人，也应明白，“热情好客”不等于让人一饮再饮，更不等于让人“敬酒不吃吃罚酒”。朋友不饮，也还是朋友。朋友不饮，或许是朋友身体或心情不适。是朋友，就该为朋友着想，而不是光想着自己的面子。

一杯酒，一杯社会。“诗佛”王维有诗云：“渭城朝雨浥轻尘，客舍青青柳色新。劝君更尽一杯酒，西出阳关无故人。”这首诗，讲的是友情，讲的是真友情，讲的是别离在即的真友情。没有应酬，没有伤感，有的只是作者倾注在酒中的昂扬乐观。这首诗名唤《送元二使安西》，谁是元二？哪里是安西？不重要。元二可以是任何一个人，可以是古代人，也可以是现代人，可以是我们的朋友，也可以是即将成为朋友的人；安西也可以是任何一个地方，一个朋友即将去的地方，一个即将有朋友的地方。这样的酒，这样的友情，岂不快哉！

遗憾的是，生活中，那些“劝君更尽一杯酒”的人，往往不是我们的朋友，而是一些别有用心的人。他可能是有心把你灌醉看你出丑的人，也可能是出于生意上的考虑对你大献殷勤的人，还可能是对你怀有某种肮脏的目的的人。所谓“醉翁之意不在酒”也。对此，即使心知肚明，也不必过于激动。别人做得“醉翁”，你也做得。置身“酒友”之中，观酒场众生，看酒桌百态，看人们在酒精刺激下的真性情与酒局遮掩下的假嘴脸，这样的人生体验，岂是在别处可以体会的？

一杯酒，一杯哲学。什么是哲学？简单来说就是理性的思考。人生不过一杯酒，有时候苦，有时候甜，有时候寡淡，有时候醇香；有些人能够淡定地饮，慢慢地品，有些人却动辄摔杯砸碗。人生不过一杯酒，有些人小醉，有些人烂醉，有些人醉得不知今夕是何夕，有些人酒不醉人人自醉，有些人明明醉了还嚷我没醉。只有少数人，该醉时醉，该醒时醒，看似糊里糊涂，实则醉身不醉心。

一杯酒，一杯人生。在“无酒不成礼仪”的中国，中国人几乎从一出生就掉入了一张绵密的酒网。刚刚满月，就得摆“满月酒”；此后，逢年过节要喝酒，朋友小聚要喝酒，婚丧嫁娶要喝酒，金榜题名要喝酒，升官发财要喝酒……你可以不喝，但你难逃酒网，因为中国人凡事讲究个关系，社会就是一张巨大的关系网，而酒桌、酒局，就是这张网的关键节点。这样的酒局，恰如棋局，每个人都是棋子，一言一行，一举一动，举杯碰杯干杯，敬酒罚酒喝酒，都是落子的艺术，都是布局的艺术。一不小心，一着不慎，都有可能满盘皆输。

一杯酒，一座江湖。著名作家林清玄曾经在文中写到，有一次，他去探访病重的武侠小说大师古龙，见其书桌上摆着一幅字：“陌上发花，可以缓缓醉矣！忍把浮名，换了浅斟低唱。”字的下方盖着一个古龙自刻的印章，上刻“一笑”二字。这个自刻的印章，古龙曾经把它送给了另一位武侠小说大师——倪匡，如今，又向倪匡要了回来。为什么呢？古龙解释道：“这幅字最能体现我这些年来的心境转变。过去开怀痛饮，是要掩饰内心的空虚，是‘忍把浮名，换了浅斟低唱’，说是‘忍’，其实是‘不忍’，不情愿；后来身体不好，不能喝酒了，但看到陌上的花开，也可以醉了，境界高了一层。现在呢，只有‘一笑’，对任何事都能‘一笑置之’了……”

的确，每个人心中都有一座江湖，每个人身边都有一座江湖。有江湖，就有风波恶，风雨疾。不过没关系，人生不过一杯酒，能醉时，只需醉；世上难免烦心事，能笑时，一笑最好。

4. 与往事干杯

网上有一个寓言：

一个失意的美国青年，接连好几天去一家酒吧喝闷酒。酒吧老板是个善良的中年人，他找了个机会，走上前去小心问道：“小伙子，你遇到什么烦心事了吗？说说看，或许我能帮你。”

年轻人淡淡地扫了他一眼：“我的问题太多了，没有人能帮我解决。”

老板并不介意，进一步解释：“我十几岁就出门打天下，年轻时也有过你这种感觉。后来一位高人指点过我。明天，如果可以的话，我带你去一个地方。他曾带我去过那儿，到那里能解决你所有的烦恼……”

年轻人终于点了点头。

第二天，他们如约出发。年轻人做梦也没想到，酒吧老板竟把他带进了一座墓地。老板指着一座还摆着花圈的新坟，感慨地说：“躺在这里面是没有任何问题的……人生就是不断遭遇问题并解决问题。有些问题可能解决不了，但它们都已经过去了，过去的就让它过去，别让它成为今天的问题……”

年轻人豁然开朗。

的确，人生如河流，逝者如斯夫。过去的日子，不能重来，无法改变，睁开眼，又是灿烂的一天，何必为过去唏嘘不已？

姜育恒在歌中唱道：“人生就像就像酒，有的苦，有的烈，这样的滋味，你我早晚要体会。”既然伤心总是难免的，为这难免的伤心而伤心，岂不是很不明智？我们都从昨日的风雨中走来，我们都饮过各自的苦酒，但过去已经过去，苦酒已经饮下，再次回顾，只能是徒增伤悲。

我们也不乏美丽的过往，但过往再美丽也是过往，多么留恋，也无法放到今天。而且，忘不掉过往，只会影响你对今天的感受。所以，如果不想自己的人生充满惆怅，无论过去好与不好，都不要再去回忆。

在中国，人们普遍称计算机为“电脑”，这着实比它的原名更贴切。我们的大脑，就像电脑一样，随时随地都在生成着一系列的文件，有开心的，有不开心的，也有介于两者之间的，还有两者兼而有之的，这些文件，都是令人无法静心的杂念，让人悲观、痛苦、消极、沮丧，或者兴奋、亢奋、激动莫名。在电脑中，此类文件称之为“垃圾文件”，如果太多，就会影响电脑运行。同样，人脑中如果装了太多的事情，也会阻塞，导致心情郁结，智慧不通。有时候，我们明明很开心，但突然有些过往像“弹窗广告”一样蹦出来，让我们瞬间远离快乐、宁静的生活。所以，要想静心，第一步就是要随时随地清理头脑中的垃圾软件。

相比较而言，让大多人的生活运行不畅的，往往是那些不开心的过往。而一些开心的记忆，尽管也会影响生活的运行，但大多数情况下并无伤大雅。所以，静心的关键，在于放下不开心的往事。

“放下”是个热词，很多学者，很多书籍都在教人“放下”。那么，如何才能放下呢？有些东西之所以让人记忆犹新，就在于它们在当时给人留下了深刻的印象。岂是说放下就能放下的？其实，这里所说的“放下”，并非生活中让人像放下一些东西那样放下，而是一种接纳。一个人，只有在完整地接纳过去及即将过去的一切的情况下，才能做到真正的放下。换言之，我们要接纳过去，放下对过去的不满与纠结，同时放下对当下及未来过多的期盼。做到了这一点，就能平静、安心。

笔者的老家有句大俗话：“早知道尿炕，就在筛子里睡觉。”与之类似，不知炕为何物的美国人也有一句俗谚："别为打翻的牛奶哭泣。"人生免不了失意，因为人生除了得意就是失意。换言之，人生的一半是失意。如果总是对那些已经失去的机会、做错的事情、无法挽回的严重后果耿耿于怀，摆明了是跟自己过不去，自寻烦恼。

我的一位酒友也曾打过一个比方：人生就像一个大酒碗，当你走到了碗底的时候，无论选择往哪个方向走，都是向上走。但你若忘不了过往，待在碗底不动，结局只能是被过往溺毙。说得多好！古人也说：昨日种种昨日死，今日种种今日生。昨日已成历史，往事不必再提，人，只有痛痛快快地与往事干杯，立足当下，放眼今朝，才能活出一个生机勃勃。

第十章

静心是一味药

1. 谁有病？谁没病？

有个笑话：某公交车上，由于拥挤，一男一女发生了身体接触。女的当即骂道："你有病啊？"男子故作厚道，回问："你有药吗？"全车人窃笑不已！女的更生气了："我是说你有精神病！"男的继续装傻："我是有精神病，你能治吗？"人们再也忍不住了，哈哈嘿嘿地笑个没完，连公交车司机都笑得停下车来，趴在方向盘上全身上下抖动！这下，女子干脆气得歇斯底里地大喊："你们都有病！"

什么叫"有病"？

按照世界卫生组织（WHO）的标准，笑话中的女子说的大概没错。因为WHO指出，健康是指在精神、身体和社会上保持健全的状态，包括躯体健康、心理健康、良好的社会适应性和道德健康。按照这一标准，大多数人可不就像笑话中的女子所说的那样——都有病。

先说躯体上的病。每个人只要活到一定的岁数，小到感冒发烧，大到住院开刀，大都得过一些病。有些慢性病甚至会伴随人的一生。有些遗传病则是从父母赐予我们生命那一刻就根植于我们身上。看似健康的人，也不一定就绝对健康。比如我，十多年没吃过一颗药片了，但慢性咽炎无时无刻不在伴随着我。推而广之，张三可能有脚气，李四可能有灰指甲，王五则可能受过严重的内伤，只是我们看不见而已。

虽然病在我们中间分布得如此广泛，但我们却总是本能地忽视它。比如中国人往往用"生老病死"来代替"人生"，但中国人实在不好伺候，一个只有四个字的词，其中就有两个字说不得（病和死），有些女同志甚至连“老”也不让人提，害得我们有时候不得不埋怨一下我们的老祖宗：当初为什么要发明这么一个不受欢迎的词汇？你直接用“讳疾忌医”一词代替不就得了！

其实，病固然不是什么好东西，但福祸总是相依的，病也不是一点儿“好处”没有。星云大师就曾在书中指出，病至少有六点价值：一、病能让人知道保健的重要性；二、病能让人忍耐勇敢；三、病能让人顿悟；四、病能让人看透人生；五、病能让人珍惜生命；六、病能让人省思未来。老百姓也常说：破罐子经熬。有些人虽然体能不好，身体欠佳，没有身体强健者活得滋润，很多美食不能吃，很多事情不能做，但因为病时刻“提醒”着他们，他们反而能在病病歪歪中终其天年。而那些习惯了人们羡慕眼光的“强人”，却往往因为小病小灾的不当一回事儿，最终积小病成大病，即使能逃得病魔之手，也往往因此一蹶不振。当然，我们不应该为有病而高兴。那样的话，就真的“有病”了。人们常称病为“病魔”，能及早把它驱除一天是一天，千万不要以病为美。

其次是心理上的病。我们来看一个经典案例：

2004年5月的一个晚上，在12000余名听众雷鸣般的掌声中，一位“半身人”用双掌撑地，一步步地走上了青岛天泰体育场的主席台。这个半身人来自澳大利亚，名叫约翰·库缇斯，天生没有下肢，但是他却用双掌走遍了世界上190多个国家和地区，被誉为“世界上最著名的残疾人演讲大师”。此外，他还是全大洋洲的残疾人网球赛的冠军，是游泳健将，甚至只用两只手就能开汽车。

“大家好！”打过招呼，库缇斯拿起了桌子上的矿泉水瓶子，边比划边说：“从一出生我就是个悲剧，当时我只有矿泉水瓶这么大，两腿畸形，医生断言我活不过当天，可我活到了现在，35岁的我依然健在，而且经常在世界各地旅行……”

库缇斯一口气讲了半个小时，其间，观众们的掌声几乎就没停过。最后，库缇斯突然举起手里的一件东西说："我非常感谢青岛朋友的热情招待，我下榻的宾馆条件非常好，但有一样东西让我不知所措，服务生却每天都会把它放在我的床头。"说完，库缇斯把他说的东西扔向了听众席，原来是一双一次性拖鞋。听众席一片肃静。

"如果你能穿拖鞋的话，你是幸运的！不是每个人都能够穿拖鞋的！"库缇斯大声说。听众席上立即爆发起一连串的喝彩声，紧接着是长久的掌声。

库缇斯还有一句名言：每个人都有残疾，我的残疾你们能看到，那你们的残疾呢？无疑，库缇斯所谓的"残疾"，指的是我们心理上的不健全。大家都多多少少存在些心理疾病，其中最普遍的一种就是无病呻吟，而且越是高端人群，这种现象越是普遍。而那些真正有"病"的，有资格"呻吟"的，反倒把嘴闭得紧紧的。应该说，现代人压力大是明摆着的，但现代人的压力大多也是自找的。如果你只是个小资，你就过一种适合小资的生活不就得了？何必一边囊中羞涩、一边苦大仇深呢？当然，诚如网友们所说，不想成为大款的小资不是好小资，但也需明白，很多大款之所以能成为大款，就在于他们没有太多的小资情调。你在喝咖啡时，他在努力；你在为电视剧中的女主角流泪时，他在努力；你在西藏某地观光浏览时，他还在努力……

2. 吃苦就是吃补

去年冬天，笔者的老婆得了感冒，我去药店买药时，她特意叮嘱：要同仁堂感冒颗粒，要不苦的那一种。我立即去附近一家药店购买，结果被告知：只剩苦味的了，甜味的都卖完了。我心想，“良药苦口利于病”，苦点儿没什么不好。当即买了两盒。可回到家，老婆一看包装，便把两盒药砸向我的脑袋，表示坚决不喝。看在她生病的分儿上，不跟她计较，可一连走了几家药店，依然买不到甜味的同仁堂感冒颗粒。最后好不容易在一个偏僻的私人小诊所买到一盒，老婆倒是满意了，我却差点儿被冻感冒！

这件小事，不仅证明了男人到底有多难，也从侧面说明，这世上怕吃苦的人绝不止我老婆一个，不然为什么走了好几家，都只剩下苦味的同仁堂感冒颗粒呢？

世上的人，都喜欢尝甜头，都不喜欢吃苦。如果说大人不喜欢吃苦药是不成熟的表现的话，那么小孩子们也不喜欢吃苦药并且会把药吐出来，则是人类的本性流露。人们不仅讨厌吃苦药，也不大喜欢苦味的食品。不然，怎么会有那句俗语：南甜北咸，东辣西酸——唯独没有喜好吃苦的地方。为这，有人还编了个脑筋急转弯：什么东西最不好吃？苦。

问题是，我们不喜欢吃苦，苦就不会伴随我们了吗？我们想逃避苦，苦就会放过我们吗？当然不会。人生就是五味瓶，从我们诞生的那一刻起，五味瓶即告打破，酸甜苦辣咸便摆在面前。你可以讨厌苦，但你无法逃脱它。苦，就是人生的伴娘，除非你不出生，否则你必然要受苦、吃苦。正因此，有人干脆称人生为苦旅。

其实人生未必是苦旅。静下心来想想，苦不过是人生五味的五分之一，吃到甜头就高兴，吃到咸、辣、酸也能勉强接受，唯独不认同苦，这不是苦的事情，而是我们的心理有问题。而心理有问题无疑也是很苦的，所以，不认同苦无异于自讨苦吃。

梁启超说过："患难困苦，是磨炼人格之最高学校。"其实苦远不止磨炼人格那么简单，苦也是成功的发动机。吃苦就是吃补。人们常说：三百六十行，行行出状元。但状元只有一个，哪一行的状元都不是那么好当的。想从多如牛毛的准状元当中脱颖而出，你得有自己的绝活。任何一门绝活，都得经过艰苦的训练才能获得。有些高难度的绝活，比如某些武术、杂技中的绝技，甚至要经过十几年、几十年的不间断练习才能练成。我们读武侠小说，里面动辄说某某神功练至第九重需要几十年的时间，虽然有夸张的成分，但理论上是没有问题的。

人类几千年来所干的事情无非两件——逃避苦，追求甜。人人都喜欢吃甜头，再甜也不嫌甜；谁也不喜欢吃苦头，再少的苦也是苦。如果不是为了"思甜"，人们是连"忆苦"都不愿意忆一下的。但实际上，什么东西吃多了都会腻，甜也不例外。而苦，则是生活的必要调剂元素，没有苦，甜又从何体现呢？所以，明智的人不仅会正视生活中的苦，没苦时，还会自找苦吃。

历史上最具说服力的人无疑是越王勾践。为雪洗战败之辱，他睡在柴草堆上，吃最粗糙的米饭，而且每次饭前、睡前都要尝一尝苦胆，然后大声地问自己："勾践，你忘记了战败的耻辱了吗？"接着自己再像模像样地回答："没有，我没有忘记！"每天做这样的功课，他吃饭、睡觉时都会下意识地想着怎么发愤图强。经过长期发奋，终于打败了吴国。之后，他就再也不睡柴草，尝苦胆了。因为没必要了。在勾践看来，苦就是苦，乐就是乐，人吃苦是为了换回享乐。如果吃苦换不回享乐，那还吃苦干什么？

这种理念一点儿也不高明，不过在群众中却很有市场。古语有云：吃得苦中苦，方为人上人。所谓人上人，简单来说就是出人头地的成功人士，这类人士自然是不必再吃苦的。如果有人成功了还在受苦，那绝不是作践自己，而是为了更大的成功。

那么，什么理念才称得上高明呢？很简单，以苦为乐。

唐朝的苦吟派诗人贾岛称得上这方面的代表人物。史料记载，有一次，贾岛骑着驴赶路时，在驴背上忽然诗兴大发，得了两句佳句："秋风吹渭水，落叶满长安。"接着，他嘴里嘟嘟囔囔，手上比比画画，开始琢磨全诗。小毛驴失去了控制，径自前行，结果不小心冲撞了时任长安市长刘栖楚的仪仗队。没素质的刘大人一发火，便把贾岛送进了大牢，关了一晚上。但第二天出狱，贾岛反倒春风满面。为啥？因为他在牢里也没闲着，把那首诗反复修改了多遍，最终达到了留传青史的程度。这首诗便是那首著名的《忆江上吴处士》：

闽国扬帆去，蟾蜍亏复圆。

秋风吹渭水，落叶满长安。

此地聚会夕，当时雷雨寒。

兰桡殊未返，消息海云端。

比这首诗更著名的是那首《题李凝幽居》。当时贾岛同样是在骑着毛驴赶路，走着走着就做起了诗，得了"鸟宿池边树，僧敲月下门"两句。自己念叨了几遍，觉得第二句中的"敲"字不如改用"推"字，再一想，又觉得用"推"还不如用"敲"，犹豫不决，便不断地做着推、敲的样子。小毛驴再次失去控制，冲撞了大文豪韩愈的仪仗队。

好在韩愈不仅有文化，也有素质，没和他计较，还帮他确定下了用“敲”字为好。这也正是“推敲”一词的由来。

在不懂诗、不爱诗的人看来，为了一首“烂诗”中的一个“破字”绞尽脑汁、像个神经病，还为此坐了牢，这简直是没事找事。但在诗人眼里，这非但不是一首烂诗，一个破字，而是他的灵魂所在。这个过程在旁人看来很苦，很无聊，在诗人则是莫大的冲动和燃烧，一旦达到燃点，会感到无比的兴奋和甜蜜，而这种甜蜜是多少钱都买不到的。能够从一般人认为的苦中品出甜来，那不仅需要努力，还需要境界。可以说，如果你能从苦中品出甜来，你便懂得了生活。

3. 把难过交给时间

古时候，印度有一个国王，他的国家广袤而强盛。他娶了一个美若天仙的王后，二人相亲相爱，琴瑟和鸣。遗憾的是，好景不长，王后得了绝症，药石无效，香消玉殒。

国王悲痛欲绝，他为爱妻举行了隆重的葬礼，用世上最好的木材为爱妻做了棺椁。然后他下令，把棺椁放在大殿里，以便自己日日见到王后，陪伴王后，回忆过去的美好时光。

几个月过去后，国王觉得大殿周围的景色略嫌单调，配不上王后的容颜，于是，他命人在周围修建了一座大花园，并从全国各地搜寻奇花异草，充斥其中。

花园建成后，国王打量一番，觉着还是缺些什么，便命人引来河水，建成了一个美妙绝伦的湖泊。湖泊建成后，又修造了亭台楼阁。

后来，国王又请来一流的雕刻师，制作了精美的雕塑……一直到垂暮之年，国王还在苦苦思索，怎样让这座绝世园林更加完美。

终于有一天，他的目光落在了王后的棺椁上，觉着它停在这样的园子中太不协调，就挥挥手说："把它搬出去吧！妥善安葬。"

这就是时间，它能带走一切，改变一切，抚平所有伤痛。

时间是一味药。有人说，身体的病叫作痛，心里的病叫作苦。在心理医生问世之前，心病是令所有医生头疼的问题。在心理医生大行其道的今天，事实上，也没有得到太多改观。只有时间，能带走人间的不幸，淡化人间的苦痛，让曾经的刻骨铭心，痛不欲生，如过眼云烟，渐行渐远，最后让人大彻大悟：人生苦短，与其与那些无法改变的事实抗争，不如把难过交给时间。

把难过交给时间，意味着不让痛苦与不幸在心中安家，而是让它如秋日的落叶，尽可能地飘过、飘远，最后如归根的落叶，回到大地深处，无迹可寻。

把难过交给时间，意味着大度一些，放手昨天的悲欢，而不是与它纠缠不清，打持久战；意味着给时间一点时间，让它去消融既有的伤，带你跨越难过的坎。

时间是一味良药，但有时也是一味毒药。那些习惯以过去的日子为今天的圆心的人，那些从不知道人生应当以当下为立足点的人，时间愈长，中毒或许愈深。这种毒在爱情里表现得最为突出，他们要么是为一段无解的恋情纠缠终生，失落终生，要么是在现实生活中寻找一个昔日伴侣的影子，从一开始，就把对方当成一味药，一种替代品。把对方当成药，也就意味着把自己当成了病人。这既是对别人的不负责任，也是对自己的无谓折磨。心病还需心药医，心药就在自己心里。该忘的忘，该放的放，让昨天和伤痛远走高飞，今天和快乐才能立地生根。

时间是没有声音的锉刀，能磨平生活中的棱棱角角；时间是一味慢性解药，能悄然治愈我们内心的伤痛；时间是一位大魔术师，能变走你不喜欢的、你看厌了的风景，同时变出一些令人惊喜的、让人振奋的改观。但有个前提，那就是你必须做个虔诚的观众，绝对地相信时间。

有这样一个故事：

欧洲一位女画家在街头遇到一位卖花的老太太。老太太穿得相当破旧，身体看上去也很虚弱，但满脸祥和，显得非常高兴。

女画家挑了一束花，说："你看起来很高兴。"

"为什么不呢？一切都这么美好。"

"对烦恼，你倒真能看得开。"女画家随口说了一句。

老太太的回答令她大吃一惊："耶稣在星期五被钉上十字架时，是全世界最糟糕的一天，可三天后就是复活节。所以，当我遇到不幸时，就会等待三天，一切就恢复正常了。"

"等待三天"——多么平凡却又充满哲理的生活方式。尽管三天过后，未必就有乐事，但从你相信这句话开始，你已经拥有了乐观。

佛经中有一个类似的小故事：

一个炎热的夏天，佛祖带着侍者走在弘法的路上，阳光格外强烈，天近中午，佛祖饥渴难耐，便对侍者说："我记得不远处有条小河，你去弄些水来。"

侍者立即拿着盛水的钵盂离去。佛祖自然不会记错，走了没多远，侍者就找到了那条小河。但他刚刚弯下腰，准备打水时，身后突然跑来几匹快马，马背上的乘客纵马蹚过小河，河水被弄得浑浊不堪，哪里还能喝！

侍者生气地摇摇头，带着无奈回转佛祖那里，说："河水被人弄脏了，不能喝了。我知道前面还有一条小溪，溪水非常清澈，离这儿也不太远，大概两个时辰就到。”

佛祖说：“我们离这条小河很近，再者我现在已经口渴难耐，为什么还要再走两个时辰的路，去找前面那条小溪？你还是再跑一趟，还从刚才那条小河里取些水吧。”

“水那么脏，怎么能喝？难道还要让我白跑一趟？”侍者争辩道。

佛祖说：“你相信我，顺从地去吧，你肯定不会白跑的！”

侍者不情不愿地拿着钵盂再次奔向小河。这一次，当他来到小河边，河水早已平静，那么的清澈、纯净，泥沙早不见了。

这就是时间，它自有一套时刻表。急不可耐，肆意强为，只会把它打乱，让生活紊乱。我们的生活，正好比故事中那条小河，它不可能永远平静。当季风刮过、洪水袭来，或者当它被人为因素搞得泥沙俱下、污浊不堪时，我们应该像佛祖所教导的那样，静下心来，稍待片刻。或许只需片刻，天就会变蓝，水就会转清，狂风暴雨会化为彩虹，山重水复会变得柳暗花明。或许片刻之后，天仍然昏暗，水仍然污浊，但你的心已明，气已平。有了这样的心境，现状如何，又何足道哉？

把难过交给时间，并不是让人在麻木中空等。河水或许会因耐心而平静，但有些问题，只是等待，只是看开，终究治标不治本。人要在看开的基础上，怀抱希望。时间是最好的良药，希望则是唯一的药引。当然，有了药引，还需时间的煎熬。我们尤需明白：很多原本无解的难题，之所以会随着时间流逝而有所改观，都是因为问题背后有自然规律这一强大力量推动所致。若想让时间更好地帮我们漂洗人生的不如意，还要在把难过交给时间的同时，忠于自己的时间，不断积攒力量，从而在事物发展至关键节点时加一把力，更好地牵引生活。

4. 快乐是最好的药

从前有个大富翁，终日愁眉不展。家人见他日益憔悴，四处寻医求诊，却毫无结果，后来听说有一位神医非常高明，便前往求治。

没想到这位名医为富翁把过脉后，却一本正经地说："您这是月经失调，我这就给您开个方子，三服药保好……"富翁一听，啼笑皆非，只差没当场把神医赶出去！但神医走后，他逢人便讲这件事，每讲一回就大笑一回，没多久他的病就不治而愈。他这才明白了神医的良苦用心，便带上厚礼前往感谢。神医对他说："你患的是郁结心病，要治好你的病，只能想法子让你笑，让你快乐。"

医生，在小朋友的印象中，无非就是穿白大褂往屁股上扎针的人，成人世界之所以"讳疾忌医"，也不外乎医生总是与痛苦联系在一起。然而在中国古代，尤其是在先秦时期，医家其实是一个与儒、墨、道、法等诸子百家相提并论的学派。既为学派，当然就不会局限于诊病疗伤。对于治国平天下，医家也自有一套理论。因此，后世提及一些有突出政治才能的大臣时，也往往冠之以"国手"名号。

在古代，一向有"不为良相，就为良医"的说法。之所以如此，就在于良相与良医的宗旨，都是治病、救人。具体到中医范畴，古时也有"医者，治病、疗心"之说，也就是说，做一个好医生，不仅要善于解除患者身体上的病痛，也要善于化解患者因病而起的各种心理问题，绝不仅仅开两副药、打几天针那么简单。

诚如上面故事中的神医所说，那位富翁，患的是郁结心病，要治好他的病，只能想法子让他笑，让他快乐；其实，快乐不仅仅是郁结心病的对症药，也是治愈人世间很多病症的良药，而不快乐则是很多疾病的发源地。所以，医院里大多数医生在给病人看病时，都会叮嘱一句：保持心情乐观！如果病人患的是一些让他难以乐观的病，那么有经验的医生还会视情况先说一些善意的谎言，转而把实际情况悄悄告知其家人，以免引起其心理上的崩溃，恶化病情。

中医界自古也有“养生先养心”的说法。一天到晚胡思乱想，愁这愁那，没病也得愁出病来。把心养好了，不胡思乱想了，高高兴兴地过好每一天，保持积极乐观的心态，即使有点儿小病，很快也就痊愈了。

然而生活中很多人都是讳疾忌医，想方设法不让自己快乐。看到别人快乐，他们还不理解，说人家是“没心没肺”、“神经不正常”等等。何必呢？人生不过几十年，笑一笑有什么关系，“不正常”有什么要紧，“不正常”的人至少是快乐的。你认为自己很正常，却不如一个不正常的人活得快乐，这是什么逻辑？

有些人不快乐，不是怕别人笑话，而是发自内心的快乐不起来。而让他们快乐不起来的最主要的原因，就是财富状况。必须承认，一个饿着肚子的人没条件谈快乐的。然而当今世界，除了少数一些地区，人类基本上是不用为肚子发愁的。而且即使是我们认为的那些应该不快乐的地区，比如非洲某些地区，他们虽然贫困，但也不见得就不快乐。可见，物质充裕不是快乐的必需条件。

按照德国哲学家马塞尔的说法，物质非但不是快乐的基础，而且在一定程度上还是人类的枷锁。这一方面在于一个人拥有的物质越多，往往越没有时间做他自己，因为他所有的时间，都得用来打理他拥有的东西。比如，他有一套大房子，就要每天为收拾它而费力，为物业费过高生气。如果他有更多的房子，固然可以租出去赚钱，但他也会担心：如果租房客不爱惜我的房子怎么办？最近听说房产要交税了，我这么多房子，得交多少啊！拥有的东西多了，但生活品质反而大不如前——不过这不是重点。重点在于他总是忙于打理自己的物质，而忘记了打理自己的心灵。心灵的空虚与纷乱，是快乐的最大劲敌。

快乐分两种，一种是感官的快乐，一种是内心的快乐。如果快乐是建立在感官上的，那么纵有快乐，也是稍纵即逝，因为所有的对感官的刺激都是不持久的，即使是持久的，人类不是还有审美疲劳吗？而如果一个人的快乐是源自内心的，那么他的快乐就能够独立成长，而不论外界的物质世界如何变幻。

据《列子》一书记载，有一次，孔子去游泰山的路上，遇到了一个名叫荣启期的隐士，他年已九十，衣不蔽体，但却在道旁边弹琴边唱歌，一副怡然自乐的模样。

孔子很不理解，便问他："你年事已高，穿得又这么破，想来是受了一辈子穷，有什么好快乐的？"

荣启期说："你别光看我不好的一面啊，我快乐的原因多着呢！第一，天生万物，唯人为贵。我能生而为人，是一乐也。第二，男女有别，男尊女卑，我能生为男人，是二乐也。第三，有的人一生下来就夭折了，而我今年已经九十岁了，还有什么不快乐的？"

这番话显然不能说服孔子。孔子替他惋惜道："以先生的高才，要不是碰上这礼崩乐坏的年代，定可飞黄腾达，如今身逢乱世，不得施展，真是遗憾啊！"

谁知荣启期又说出了一番自己的理论："古往今来，读书人多如过江之鲫，而飞黄腾达者又有几人？贫穷是读书人的常态，我处于读书人的常态，有什么可遗憾的呢？"

孔子终于认可了荣启期的说法，应和道："善乎，能自宽者也。"

这也就是“知足者常乐”这一典故的由来。

不管我们是不是读书人，不如意总是人生的常态，对此，没必要想不开。我们要像先哲一样，想办法让快乐成为我们的生活常态。快乐是最好的药，它不仅能预防身体的疾病，也能治疗所有的不如意。

第十一章

静心是一场梦

1. 梦想在路上，不在梦中

谁是中国古代最有钱的人呢？或许没有标准答案。不过，西汉时期的邓通，绝对算得上中国古代最有钱的人之一。

邓通的发家史很有点儿传奇的味道。他本是宫中一个普通的御用船夫，时人唤作“黄头郎”。因为当时五行之说盛行，土胜水，因此船夫都戴土黄色的帽子。说来也怪，时任皇帝汉文帝有一天晚上做了一个梦，他梦见自己一飞冲天，眼看就要登上南天门了，关键时刻却怎么样也冲不上去了，就在他要急醒了的时候，下面有个黄头郎用力推了他一把，一切才得以 OK。进入了“轨道”的汉文帝非常细心地发现：这个黄头郎的衣服上有个破洞。第二天，他便抱着试试看的心思来了个暗访贵人，结果无巧不巧地发现了正在河边补衣服的邓通。幸亏衣服上那个破洞没补好，邓通得以当上了士大夫。

如果说邓通到目前为止全凭运气的话，那此后的发展就全靠他自己的本事了。他别的本事没有，只有一套拍马屁、阿谀奉承的本事。在民间，“拍马屁”也叫“舔屁股”，这绝非夸张，更不是粗俗，因为历史上真有这事，而主角正是汉文帝和邓通。有一次，汉文帝的屁股上生了个疮，虽经太医调治，却总不见好，搞得汉文帝坐也难受，躺也难受。在所有御医束手无策之际，邓通默默地走上前去，带着十二分的恶心把脸凑近文帝的屁股，将其疮里的脓血吸了出来。说来也奇怪，邓通吸过之后，汉文帝的疼通便减了几分。之后，邓通又给汉文帝吸了几次，汉文帝感动之余，疮也慢慢好转。有一天，就在邓通将吸未吸之前，汉文帝问邓通："你说天底下谁最爱我？"邓通很会说话："那自然是太子。"巧得很，话音刚落，太子就进来问安，心血来潮的汉文帝便叫太子给他吮疮。太子无奈，只好跪在榻前，将嘴巴凑向老爸溃烂的屁股，但还没碰到疮口，竟恶心地呕吐起来。汉文帝见了很不高兴，太子悻悻退出。不过通过这件事，汉文帝也更宠爱邓通了。一日，汉文帝闲来无事，命一个术士为邓通看相，术士直言不讳地说："邓大夫以后会因贫困而饿死。"汉文帝听后很不高兴，激动地对邓通说："你绝不会饿死，朕一定要你富！"说完颁下一道诏书，把蜀郡严道县的铜山赐给了邓通，允许他私人铸钱，想铸多少就铸多少！邓通从此富可敌国。也正因此，后世才会将其名字当作金钱的别称。

遗憾的是，邓通的故事还没完。他因为舔屁股走上了致富路，但也因此招致了太子的记恨。没几年，汉文帝死，太子即位，史称汉景帝，他一上台便把邓通革职，夺其铜山，并没收所有家产，邓通一夜之间身无分文，与乞丐无二，最后竟真的应了那个相士的话——饿死街头。

很多人读到这个故事，都不免慨叹人生无常，为不得善终的邓通而唏嘘。其实大可不必。邓通的发迹本身就是个意外，而不是人生的正常现象。

那么，什么是正常呢？我的一位朋友对此有过精辟的阐释。朋友说，有一天，老婆埋怨他：你白天也努力，晚上也努力，辛苦了这么多年，居然没有成功，这太不正常了吧？朋友说：你错了。努力了，不成功，很正常；那些不努力却成功的人，才叫不正常！

的确，人生无常，我们控制不了，但我们必须知道什么叫正常，什么叫不正常。现代人常说："梦想很丰满，现实很骨感。"而邓通，连梦都没做过一个，就赢得了人生的大满贯，这让那些梦寐以求却始终事与愿违的人情何以堪？

可以说，邓通不过是活在汉文帝的梦中。这是一种幸运，但幸运背后，则是悲哀。而现实生活中一些人的悲哀，则在于他们虽有自己的梦想，却不懂得或者说不愿意用行动去捍卫自己的梦想，使其落地生根、开花结果，只能生活在梦中。

梦想是用来实现的。如果你有梦想，就一定要捍卫它。每个人都有做梦的权利，但所有的权利都伴随着义务。成功源于梦想，但成功还需要勇气，需要尝试，需要行动，需要付出。

当然，梦想之所以称为梦想，就在于它往往离现实太遥远。梦想是用来实现的不假，但太容易实现的梦想，或许根本就称不上梦想。很多人之所以放弃梦想，让那颗曾经不甘的心死在平淡中，也不外乎因为实现梦想太难。

这就是生活的真实。你想赢得一些东西，必然要付出一些东西。你想拥有成功，就必然要舍弃安逸，选择奋斗、付出努力。更残酷的是，有时你肯舍弃、肯选择、肯付出，也未必能得到。

不过话说回来，你若不肯舍弃、难以抉择、不肯付出，你便必然得不到。所以哲人说：很多事情就像旅行，当你踏出出发的第一步时，最困难的那部分其实已经完成了。

成功虽然难，但远不像你想象的那么难。世上无难事，只有畏难人。我们上学时都学过那篇穷富和尚游南海的故事：富和尚有钱，多年来一直想去南海游历，却从未成行；而穷和尚却做到了，但他全部的行李不过一个水瓶、一个饭钵。

梦想在路上，不在梦中。很多失意者都曾经坦言：自己这辈子之所以没能成为理想中的自己，或者留下了某些遗憾，就在于他们都像那个富和尚一样，遇事瞻前顾后，患得患失。为此，世界著名学府哈佛大学还专门开设了一门“行动成功学”，旨在告诉人们“有梦想就要大胆行动”。

人们之所以愿意做梦，不仅仅在于它简单易行，还在于它实施起来机动灵活、老幼咸宜。只要你不想行动，你尽可以找到自己喜欢的方式说服自己。比如自欺欺人——世上做这种梦的人也不在少数，下面的小故事就颇有价值：

正午的太阳暖洋洋，照着墨西哥渔夫的破衣裳。一个美国人走过来问："大好时光，你怎么不去抓鱼？你应该尽量多抓一些鱼。"渔夫说："够吃就行。抓那么多鱼干什么？""赚钱啊！""赚那么多钱干什么？""干什么都行。""然后呢？""然后，等你老了，你就可以像我一样，每天衣食无忧地晒晒太阳。""我现在难道不是在晒太阳吗？"

表面看来，这个渔夫说得一点不差：赚那么多钱干什么？搞那么累干什么？君不见古有玉环飞燕皆尘土，今有身家数十亿的乔布斯说走就走！

应该说，这是一种不错的养心术。如果你现在已经退休，夕阳向晚，经常这么想，绝对有助于益寿延年。但你若是一个年轻人，一个像早晨八九点钟的太阳似的年轻人，老这么想，就绝对是胸无大志的表现了。梦想在路上，不在梦中，尤其不在那些善于自欺的人的梦中。人，处在什么阶段，就要做那一阶段该做的事。处在做梦、造梦的年纪，就不要找借口醉生梦死。

2. 圆梦不如圆人生

圆梦，也叫解梦，即根据梦象来解释、推断吉凶，这在古代非常流行，历史上也留下了不少著名案例。熟知历史的人，也大多知道，梦的传说从华夏始祖黄帝时代就开始了。单是黄帝本人，就曾经做过得河图洛书之梦、乘龙上天之梦等奇梦，稍后的尧帝做过攀天之梦，舜做过击鼓之梦，禹做过乘舟过日之梦……受这几位中华民族的先贤的影响，后世帝王或者他们的亲人们也大多做过类似的奇梦，其中最普遍的版本就是某某开国帝王，如三国时的孙权，其母在怀孕时曾经梦到日月入怀，结果先后生下了孙策与孙权。毫无疑问，这些记载虽有鼻子有眼，可信度却非常值得怀疑，当然更没有什么道理可言。不然，你就没法解释三国为什么终归司马家？莫非司马家做过更宏大的梦——梦到了银河系乃至全宇宙入怀不成？

现代科学认为，梦不过是一种精神活动，本身并不能决定什么、改变什么。如果一个人确实因为做梦改变了什么，那多半也是因为那个梦首先从潜意识里改变了他的心态，支撑了他的行动，才最终改变了他的生活和命运。所以，与其说黄帝等人能够成功乃至成仙，是因为做过某些奇梦，倒不如说他们是善于把握别人的心境的高手。

历史上关于圆梦、解梦的典故也很多，但有一个明显的规律，那就是凡是说某某帝王、某某上司的梦做得好，解梦解得合乎他们的心意的，大多得了好结果；反之，至少也得被臭骂一顿。可见，所谓解梦之道，也不过投其所好而已。所以，解梦，实则是解人生；圆梦，也不如脚踏实地，把梦做实。

《五灯会元》中有一个很有启发意义的小故事：

唐代高僧灵佑禅师日渐老迈，有一天，读着读着经，他居然打起了瞌睡。刚睡着，又被前来问安的弟子慧寂惊醒，慧寂颇为不安，觉得自己不该打扰老师的休息。灵佑禅师却说："不关你的事。我刚才做了一个梦，你试着为我圆一下。"谁知慧寂听了这话，却不再理睬老师，而是转身打来一盆清水，把毛巾沾湿，细心地给老师擦脸。灵佑禅师脸含微笑，不再追问圆梦的事。

不一会儿，灵佑禅师的另一弟子香严也来问候。灵佑禅师看了看他，也说："我刚才做了一个奇怪的梦，你师兄弟已经为我圆过了，你也替我解释一下吧。"香严笑着说："我早就知道了。"灵佑禅师说："那么，你给我说说看。"香严也不说梦，而是转身泡了一碗热茶，递到师父手中。

灵佑禅师接过热茶，满意地说："你们俩真不愧是我的弟子！"

两个弟子不说梦，不解梦，只做与说梦、解梦不相干的事，灵佑禅师为什么反倒很满意呢？因为灵佑禅师根本就是在借梦出题，考察两个弟子的修为。他或许真的做了个奇梦，但那与现实生活尤其是与僧人们的修行又有多大干系呢？既然没干系，又何必解释呢？与其浪费时间，痴人说梦，不如做点实事，比如帮老师洗脸，给老师倒茶。

有研究者指出，人的一生，大约有1/3的时间在睡觉，将近有1/5的时间在做梦。假如一个人的寿命是75岁，那么他大概有15年的时间是在做梦。做梦的时间已够多，为什么还要把宝贵的清醒时间用在解读那些无谓的梦身上？

当然，更需要点醒的，是那些还未睡醒的人。民间有俗语说，"晚上床上千般想，早上起来磨豆腐"，何意？意思是说，在中国古代，社会处在农耕状态，大多数男耕女织的家庭充其量都只能解决温饱问题，做豆腐是少数几种“发家致富”的副业之一。但这并不意味着选择了做豆腐就一定能发家致富，世人但知豆腐好吃，做豆腐能发家，也应知道，做豆腐也是一件非常辛苦的事情。最简单的一点，在打浆机发明之明，人类只能自己推磨，磨豆浆，当然，也可以选择用牛、驴等家畜代替人工，但家畜顶多也只能代替推磨这一环，除此之外，做豆腐还有不下七八道工序，每一道工序几乎都很费劲。另外，这么多工序，也决定了做豆腐是一项很费时的工作。所以古时做豆腐的人，大多从凌晨四五点就早早起床，从磨豆腐开始，忙忙碌碌，辛辛苦苦，赶在人们买豆腐之前把豆腐做好。此外，就像现代很多服务行业一样，越是逢年过节，磨豆腐的人就越是辛苦，因为大家都想在过节时吃点好的……当然，任何辛苦都是有回报的。除了能获利，自己和家人也能常吃到豆腐这种古时普通人家并不能常常吃到的高蛋白食品，还能收获诸如可用来养猪的豆渣等附带回报等。但想赢得这些回报，还得从一大早起来努力磨豆腐开始。同样的道理，人生若想取得成功，就得付出相应的努力。相对来说，立志也好，树立梦想也罢，对世人来说并不是难事，只是太多的人，不懂得把梦想的实现建立在面对现实的基础之上，缺乏脚踏实地的精神。

古人亦说：至人无梦。原意是指，类似前述故事中的灵佑禅师等高僧大德，是不会做梦的。时至今日，这话应该做现代意义的解释，即至人也会做梦。至人，泛指那些拥有清醒的头脑，不做白日梦的人。另一方面，也可理解为，至人不是无梦，而是至人不信梦，明白一切梦境皆虚幻，一切理想，都应建立在务实的基础上。

3. 梦里花落知多少

“梦里花落知多少”一句，本是著名作家三毛的一首小诗中的诗眼，即“记得当时年纪小/我爱谈天你爱笑/有一回并肩坐在桃树下/风在林梢间鸟儿在叫/我们不知怎么睡着了/梦里花落知多少”。不过，我们这里要讲的不是这种艺术上的浪漫之花的盛开，而是历史中的生命之花的凋落。

在自然界，花开花落，实属正常。在人类，生老病死，也是再正常不过的自然规律。不过，一朵花如果刚刚盛开就告凋谢，一个人如果还未成年就成为历史，就不是规律，而是意外了。一朵花如此，一个人如此，一个王朝亦如此。比如“二世而亡”的秦王朝。

众所周知，秦王朝是中国历史上第一个封建集权制国家，而且空前强大。按理说，这样一个国家应该蒸蒸日上才对，哪怕是历史惯性，秦王朝也不至于二世而亡。但是，历史就是这么残酷。不仅残酷，还伴随着离奇——一个奇梦。

据史料记载：秦朝末年，遍地烽烟，秦将章邯连吃败仗，而秦二世胡亥因受中国历史上最著名的太监赵高蒙蔽，依然夜夜笙歌，全不知危险已然降临。

公元前207年8月的一天，赵高为进一步独揽大权，就故意献了一头鹿给胡亥，并刻意强调“这是一匹马”，秦二世不信，说怎么是马呢？这明明是鹿嘛！赵高就转过头去问众大臣，大臣们有的不知是计，照直实说，有的则附和赵高，指鹿为马，结果第二天，那些不合作的大臣就被赵高以各种理由投入了监狱。从此，满朝文武都惧怕阴险的赵高。

恰在赵高指鹿为马的那一天晚上，胡亥做了一个奇梦。他梦见有一只白额猛虎咬死了他的车驾中的左骖马。在古代，白额猛虎又称“白虎”，是战事的象征，在迷信中则泛指凶神。因此胡亥梦醒之后，非常担忧，便招来占梦官占梦。占梦官早已被赵高收买，于是假意说：“这是泾水之神在作怪。”胡亥深信不疑，第二天就选了四匹白马，祭祀泾水。

然而没过多久，局势就发展到了赵高想瞒也瞒不住的地步。胡亥得知烽火已逼近函谷关，又气又怒，就派人去责问赵高。赵高怕胡亥一怒之下诛杀自己，就托病不去上朝，同时与自己的弟弟赵成、女婿阎乐等人密谋诛杀胡亥，先下手为强。几天之后，阎乐便率乱兵直冲内宫，将胡亥团团围困。胡亥勉强端起皇帝的架子，呵斥阎乐：“我待你和你的岳父都不错，你今天意欲何为?”阎乐大怒，回敬道：“你这昏君，骄横放纵，诛杀无辜，天下人都背叛了你，恨不得吃你的肉，死到临头，你还有何话说?”胡亥这才缓下神情说：“我能跟丞相面谈一下吗?”“不能!”“那我放弃帝位，只愿为一郡之主，这总可以了吧?”“不可以!”“那就让我做个万户侯吧!”“不可以!”“那求丞相开恩，让我与我的妻子们做个平头百姓，行吗?”答案还是不行。无奈之下，胡亥只好自杀。伴随着他的死，秦王朝基本灭亡。

按照迷信的说法，如果胡亥在做完那个极具提醒意味的梦后，能及时采取正确的补救措施，至少还能保他自己一命。按照科学的说法，这自然是无稽之谈。而在历史学家们看来，即使胡亥当时做的是美梦，是吉梦，也依然改变不了他自己以及秦王朝灭亡的命运。

这么说，秦王朝的灭亡似乎从秦始皇那里就埋下了导火索。然而事实上，两者之间并不存在必然的逻辑。说到残酷凶暴，胡亥未必比得上老爸秦始皇。说到游冶玩乐，胡亥也未必比秦始皇强。为什么秦不是亡于秦始皇而是亡于胡亥？关键在于前者固然凶暴，但除了在希求长生这方面犯过糊涂之外，大多数时刻还是非常清醒的。此外，秦始皇还有着足够的掌控天下的能力。而胡亥，用传统史家的话说就是“生于深宫之中，长于妇人之手”，除了吃喝玩乐，没有别的特长。让他像秦始皇一样敬业，每天读上几百公斤重的竹简奏章，简直是一项无法完成的任务。而赵高所做的，就是迎合胡亥，并助长其“娱乐至死”的精神。既然您不想看奏章，我帮您看。您不仅不需要看奏章，连上朝与大臣们决断国策的必要都没有。否则决断有误，岂不是在满朝文武面前暴露您的缺点？胡亥正是因为听信了赵高的话，才会自居幕后，任赵高胡作非为。

但这并不代表胡亥就是个天生的白痴。他只是过于贪玩，过于贪图享乐而已。他并非丝毫不知大权旁落的危险，只是玩得兴起，会自然而然地把所有与快乐无关的东西抛诸脑后而已，所谓“醉生梦死”是也。能够醉生梦死，对某些人来说，或许没什么不好，只是除非一醉至死，那么酒终究会醒，梦终究会醒。而清醒之后的那份现实的残酷，绝不是他们可以想象、可以承受的。

梦里花落知多少？绝不止秦二世这一朵。汉末三国时，有“乐不思蜀”的刘禅，有做“尔汝之歌”的孙皓；南北朝时，有“无愁天子”高纬，有“步步生莲”的创始人萧宝卷，有“玉树后庭花，花开不复久”的陈叔宝；隋末，有试问“大好头颅谁斫之”的杨广；五代时，有“难为人中之王，堪称词中之帝”的李煜，有“半截天子”李存勖，有连夜壶都用珍宝装饰的孟昶；宋朝时，有“超级球迷”赵佶……在民间，有着更多“富不过三代”的现实例子。究其原因，就在于古时候，当然也包括现代社会，一些权门公子或富家哥儿，依赖祖上或父辈的高官厚储，长期过着奢侈淫逸、醉生梦死的寄生生活，饱食终日，无事生非。这就像植物世界中的寄生藤类，待到失去祖荫的遮蔽，家族的支撑，即使不枯萎、不凋谢，也必然会随着家族的倒塌匍匐于地，再难抬头。

4. 浮生若梦，知足不辱

说起东晋大诗人陶渊明，很多人都不陌生，有不少人还将其视作精神偶像。不过很少有人知道，这位以不肯为五斗米折腰而流芳千古的“五柳先生”，还有个曾经做过皇帝梦的爷爷——陶侃。

其实在封建年代，很多人都做过皇帝梦。这些人大多分为两类，第一类属于异想天开型，比如某小镇上的某个农夫，某城市的某个店小二等，这类人，梦想虽然伟大，但缺乏相应的资本和条件，自然不可能有梦想成真的那天。另一类人则是日有所思、夜有所梦型，如乱世的枭雄、英雄，治世的乱臣、贼子等。而陶侃属于后者。史书上说，陶侃最风光时，总督八州，位极人臣。放眼整个中国历史，这权势或许算不上最大，但是别忘了，陶侃所处的时代是非常有机可乘的乱世——东晋。而且，手握强兵、占据重地的陶侃，还有相当的政治智慧、军事才能和如日中天的威望。然而，陶侃却仅仅是做了个皇帝梦而已，从没有真正的逐鹿天下。

这是为什么呢？很大程度上在于他的皇帝梦做得不是很圆满。《晋书·陶侃传》记载：一天夜里，陶侃忽然梦到自己身上生出八个翅膀，略微扇动，就飞上了天。陶侃一边飞一边看，只见天门共有九重，但当他飞到最后一重天门前时，却怎么样也飞不进去。不仅如此，一个守门人还用手中的神杖打他，恰好击中他的左翼，陶侃吃痛落地，翼断梦醒，醒来后还觉得左肋隐隐作痛。陶侃手抚左肋，不禁想道：莫非这是上天的暗示——不可轻动，否则必败？

之后的历史表明，陶侃认同了这一所谓的上天的暗示，《晋书》上说他每当心中蠢蠢欲动时，就会“重温旧梦”。只要一想到被梦中的看门人一棒子打在地上，那份非分之想立即就打消了。

说到这里，不得不简单介绍一下《晋书》。尽管《晋书》是二十四史之一，也即传统史家眼中的正史，且在当时和后世都受到人们的重视，然而《晋书》也有明显的缺点，其中最突出的表现就是记述了一些与陶侃做梦飞天之类的神怪故事，而它们是不应该当作史料来看待的。所以，我们大可不必也不能将上面的故事当真。陶侃之所以选择止步于位极人臣，很大程度上还在于他是个谨慎且具有极高道德修养的人。

历史上关于陶侃的典故很多，其中绝大多数都与美德有关，其中又有几个与他那被后世视作美德化身的母亲有关。比如有一次，时任小吏的青年陶侃利用职务之便，派人送了一坛咸鱼给母亲。其母却原封不动地送还给他，并附信责备道：“你做官在外，拿公家的东西送给我，非但不能使我开心，还让我非常担心。”还有一次，一个名叫范逵的小官途经陶侃家，临时造访，陶侃当时虽然身为小吏，但他不贪污，不受贿，日子过得紧巴巴，因此竟连待客的酒菜都无从着手。关键时刻，陶侃的母亲剪掉了自己的长发，换了一桌酒菜，并让陶侃砍了一根屋柱做柴，盛情款待了范逵一行。陶侃牢记着母亲的教导，位极人臣时仍不敢或忘。有一次，陶侃宴请几位名士。席间，名士们纷纷向其敬酒，陶侃也不推辞，连饮三杯。这时，一位还未向他敬过酒的名士也来敬酒，但陶侃却谢绝了。对方有点不高兴，旁人也附和着说：“将军本有海量，今天大家聚会一堂，何不开怀畅饮？”没想到陶侃却泪流满面，哽咽着说："实在对不起，不瞒几位，家母生前曾给我规定过，每次饮酒，三杯为限。今天杯数已足，我不能违背先母的禁约。"这三个小故事，充分说明陶侃在母亲的影响下，养成了一种克己自律的精神，而使其止步于人臣、不追求帝王之位的，也正是这种精神，而不是那个并不圆满的奇梦。这是一种理智，也是一种道德，毕竟在封建年代，谋国篡位，是最为大逆不道的事情。

用老子的话说，陶侃这叫"知足不辱，知止不殆"。意思是说，知道满足的人，就不会遭到困辱；知道适可而止的人，就不会遇到险恶。因为知足，知止，陶侃不仅得享高寿（七十六岁）与善终，死后还被追封为大司马，在历史上和民间也留下了非常好的口碑。

如果说陶侃的完美结局得益于母亲的教益的话，那么西汉末年的枭雄之一公孙述的悲剧下场则与其妻子的教唆脱不了干系。西汉末年，王莽篡位，颇有才干的公孙述在乱世中崭露头角，威震一方，并逐渐生出自立之心。一天晚上，他做了一个梦，梦中有神人对他说："八厶子系，十二为期。"八厶，就是公，子系，就是孙，合起来就是他的姓，十二就是十二年，期就是期限，应该说，这里面并有没有明确地提到他会做皇帝，但他却一厢情愿地认定是神仙告诉他，自己会当皇帝，但是只能当十二年而已。史学家们认为，从逻辑上分析，这个梦八成是真的，毕竟哪个帝王都想千秋万代，好不容易当上了皇帝，谁会傻到自己说自己只有十二年的国祚？《后汉书》还记载，公孙述梦醒后，曾就这个梦征求老婆的意见，这个在中国历史上并未留下名字的女人说："这是好梦啊！"公孙述说："虽是好梦，但只有十二年……"其妻又说："君不闻孔子说：朝闻道，夕可死也。能做十二年的皇帝，还不知足？"公孙述备受鼓舞，不久就在蜀地自立为天子，建元龙兴。

客观地说，生逢乱世，公孙述及其妻的想法本无可厚非。然而乱世之中，想当皇帝的人又岂止公孙述一人？更重要的是，无论是在才能方面，还是在气度上，公孙述都远不能与当时的主要对手刘秀相比。可惜他不识时务，屡次拒绝刘秀的劝降，又不肯听从手下谋略之士攻略天下的计策，只想偏安一隅，做自己的关门皇帝。公元36年，算总账的日子到了。公孙述与刘秀决战于成都，于混战中被刺伤，当夜伤重不治。第二日，其手下便率众投降，公孙述的妻子及全家被屠杀。这一刻，离公孙述做那个奇梦，刚好十二年！

当然，还是那句话，对于类似的奇梦，即使不是后人的杜撰，也是偶然，大可不必当真。我们要透过梦境看到问题的实质，即陶侃与公孙述，做的差不多的梦，在现实生活中的结局却大不相同，很大程度上在于前者懂得知足、知止，而后者却是在妻子的劝说下“知足”于十二年的帝位。可见，做什么样的梦并不重要，重要的是人不能活在梦中，凡事以梦为指引。具体到现代人而言，同样，美梦不一定会成真，噩梦也是如此。如果说美梦是一个人对未来美好生活的憧憬，那么噩梦未尝不是一个人在梦中对自己的反省与提醒。愿所有正在做着噩梦的人，都能早一点醒来。

第十二章

静心是一段缘

1. 不是你的就别勉强

生活中，“随缘”一词是人们经常挂在嘴边的口头禅。不过说到缘分，大部分人尤其是青年男女，还是会第一时间联想到爱情。

生命诚可贵，爱情价更高。如果人间没有了爱情，现肯定，那样的世界会比有爱情的世界没意思得多。当然，凡事都有两面性，如果人类没有了爱情，也会因此减少一些不必要的悲伤。

“都说那爱情美啊，我却无所谓，我为爱情流过太多的泪……”这是一首流行歌，有过恋爱经历的人大都能听出一些感伤的味道。

有人说，不经失恋，不懂人生。也有人说，失恋是一种财富。这么说都对，但一旦事实落到自己头上，理论便会瞬间崩塌。这个世上，因为失恋而寻死觅活的人，古往今来比比皆是。

我们必须理解他们。理解他们，就是理解当年的自己。因为爱得真切，所以痛得刻骨。然而，别人再怎么理解，也不如自己学会开解。

来看一个与“缘分”有关的小故事：

古时候，有个年轻的书生，爱上了一位漂亮的姑娘，姑娘也很爱他，两人郎情妾意，你侬我侬。但到了姑娘结婚的那天，新郎却不是书生。书生大受刺激，一病不起，眼看就要归西时，门外忽然来了一个游方僧，声称自己能治书生的病。家人非常高兴，赶紧带僧人去见书生。僧人一不开方，二不施药，只是从怀中摸出一面镜子给书生看。书生定睛一看，只见镜子里面就像现在演电影似的，先是出现一个漂亮的女子，她被恶人杀害，曝尸荒野。不一会儿，过来一个路人，看了一眼，摇了摇头，走了。又过了一会儿，第二个路人经过，他见遇害的女子衣衫不整，便脱下自己的衣服，披在女子身上，然后叹了口气，也走了。最后，第三个路人经过，他轻轻抱起遇害女子的尸身，找了个干净的地方，小心翼翼地把她埋了……僧人说：你爱的姑娘，就是镜子里遇害的女子，而你前生就是为她披上衣服的那个路人。你前生为她披了一件衣服，她今生与你相恋，为的是报你的恩。而她嫁的那个人，是最终埋了她的人，她必须要报答他一生一世啊！书生听罢，豁然开朗，不久便恢复了健康。

故事中那位游方僧人的一番言论，说的就是佛家的缘分观，即佛家认为，今生的缘分有赖于前生的修行。如果前生修行不够，那么，不要勉强，勉强也没用。与其勉强，不如在今生好好修行，那么来生必定会有一个好缘分。

看到这里，相信有些人已经急了：来生才有缘分，那我今生怎么办？其实，这里所说的来生只是一个比方，是未来的意思。只要一个人能忘记昨天的爱与哀愁，本着修行的态度，去善待身边的每一个人，那么缘分终将到来。当缘分不再时，我们第一时间要做的，不是愤怒，不是感伤，而是应该静下心来想想，我们之所以与某人一笑而过，到底是彼此没有缘分，还是因为我们不够优秀？不够关爱对方？或者说只是欠缺一点恋爱的小技巧？如果能从理性的角度去看待缘分，你就会发现，世上没有所谓的有缘无缘，缘深缘浅，因为能够相遇，就是有缘，关键要看人能不能把握住缘分。

“十年修得同船渡，百年修得共枕眠。”古人多用这句话来形容夫妻姻缘之不易，劝世人珍惜爱情，珍惜彼此。不过，这句话也从侧面提醒我们：有些人之所以只能成为恋人，而不能成为夫妻，是因为他们修得不够，只能做恋人，不能做相伴一生的爱人。以寻常眼光看来，这自然是一种遗憾。但从反面想想，正是因为这种遗憾，让那些注定只能擦肩而过的人及时擦肩而过，彼此才能够有机会地去寻找自己的“真命天子”。

如果从现代科学的角度来看待缘分，那么它就是一种源自爱情的激情燃烧，而爱情本身也是一种冲动的产物。世上有没有天长地久的爱情？或许有，但毋宁认为，那是一种感情。感情是理智的，是时间培养出来的产物。一个人与一个人生活在一起，可以产生感情。一个人与一只狗生活在一起，也可以产生感情。而爱情是冲动的，但凡冲动的东西，都是不能持久的。有些原本有缘的人，之所以“有缘无分”，往往并不是某些人想象的那样，是因为某些人水性杨花、浪荡浮夸，或许是因为恋爱中的一方，燃尽了那份冲动的爱情燃料后，冷静了下来，发现对方并不是自己原本想要找的人。

爱，就在一起；不爱，就分开，等待或者继续寻找自己要找的人。这看似很冷酷，却是对自己负责，也是对对方的负责。想想看，对方明明不爱你了，还留在你身边，装作有情有义，同床异梦，这是多么虚伪，又是多么残忍？

生活中有太多的人为缘分痛苦，就在于他们不懂得缘分；社会上有太多因爱而起的悲剧，也在于那些当事人不懂得什么是爱情，什么是婚姻，并往往蛮横地认定一个人只要跟他谈恋爱，就必须嫁给他，或者娶了她。其实有一首歌词写得非常好：“原来上天是让我们来相爱的，不是让我们厮守一生的……”这是一种极高境界的爱之觉悟。没有人规定谁必须爱谁一辈子，不能白头到老，未必就是不幸。明明已经没了最初的爱，却还要绑在一起，相互折磨，彼此难受，那才叫不幸。

打一个通俗的比喻，爱情就是一辆自行车，男女双方则是两个车轮，需要同步滚动，才能承载着甜蜜和喜悦不断前行。如果其中一个车轮损毁到了不能上路的地步，那么另一个再使劲，也是徒劳。当恋爱发展到这种地步时，最好的办法就是和平分手，各走各路。

“我得不到的东西，谁也别想得到——我宁愿毁了他!”这是导致古罗马起义者斯巴达克斯失败的蛇蝎美人爱芙姬琵达的亘古名言。现实生活中从来不乏类似的悲剧，所以，我们要相信一点缘分，也要明白爱的真谛不是占有。就如同路边的一朵花，一个真正爱花的人，应该是欣赏、怜爱、呵护它，任它自由地绽放美丽。倘若因为自己喜欢就把它折下，据为已有，任其凋零、枯萎，那不是爱，而是邪恶。

2. 珍惜“已拥有”，放手“求不得”

著名书法家于右任一生饱经沉浮，却始终荣辱自安，得享高寿。每当有人问及他的养生之道，他总是指指客厅上那幅字画笑而不答。那是一幅于老先生亲笔写意的莲花图，上有一副对联，上联：不思八九；下联：常思一二；横批：如意。

“不思八九，常思一二”，何意？无非是让人保持知足常乐之心、把握既有的幸福而已。“不如意事常八九，能与语者无二三”，这是先哲对生活的智慧总结。我们无须自欺欺人地去奢求什么一帆风顺，但幸好人生逆境不是百分之百，虽然只有“一二”，人生的如意事总还是有的。既然还有“一二”，那就把握“一二”，乐享“一二”，同时尽量忽视那些不如意的“八九”。

缘分，尤其是那些与爱有关的缘分也是如此。很多人往往慨叹，唉，真是有缘无分，造化弄人。其实他们不明白，就在他们慨叹的同时，缘分往往就在他们身边。

曾经听说过这样一个故事：

普陀山上有一座圆音寺，每天都有很多善男信女上香拜佛。若干年后，一只蜘蛛在大殿的横梁上结了张网。天长日久，每日受香火的熏陶，蜘蛛渐渐有了佛性。一转眼，一千年过去了，这天，佛祖忽然驾临圆音寺，见这里香火旺盛，非常高兴。就在将要离开时，佛祖不经意间发现了蜘蛛。

“你我相见，总算有缘，我来问你个问题，看你修炼了这一千多年，有什么真知灼见。答得好，我就助你修成正果，怎样?”佛祖问蜘蛛。

得见佛祖，蜘蛛非常高兴，连忙答应。

佛祖问：“你认为世间最珍贵的东西是什么?”

蜘蛛想了想，答道：“世间最珍贵的东西是得不到的东西。”

佛祖点点头，转身离去。

转眼又是一千年，蜘蛛依旧在横梁上修炼。这天，佛祖再次来到圆音寺，对蜘蛛说：“一千年前的那个问题，你有没有更深的认识?”

蜘蛛说：“我还是认为，世间最珍贵的是得不到的东西。”

佛祖说：“你再好好想想，我还会来找你的。”

又过了一千年。一天夜里，突然刮起了大风，大风将一滴甘露吹到了蜘蛛网上。蜘蛛望着晶莹透亮的甘露，顿生喜爱之情，它甚至觉得，这是自己三千年来最开心的一天。可是，突然间又刮起一阵大风，将甘露吹走了。意外得到，而又突然失去，让蜘蛛感到非常难过。

这时，佛祖又来了，他问蜘蛛：“这一千年，你可曾好好想过那个问题?”

蜘蛛正沉浸在失去甘露的悲伤之中，它说：“世间最珍贵的，不是得不到的东西，而是已失去的东西。”

佛祖微微一笑，说道：“好吧，既然你有这样的认识，我让你到人间走一遭吧!”

就这样，蜘蛛投胎到了人间，成为一个官宦人家的小姐，父母视她为掌上明珠，为她取名珠儿。珠儿长到十六岁时，已经出落得非常漂亮，楚楚动人。

这一年，适逢大考，名满天下的大才子甘路毫无悬念地高中了状元。金榜题名之日，皇上特意下旨在后花园为甘路举行庆功宴，命文武百官和家眷作陪，珠儿和许多妙龄少女，以及小公主长风，得以亲睹状元郎的风采。

状元郎果然不凡，宴会上，他献诗填词，出口成章，在场的少女无一不为他倾倒。但珠儿一点也不紧张，因为她知道，这是佛祖赐予她的姻缘，谁也抢不走。

说来也巧，不久后，珠儿陪母亲上香拜佛，恰好遇到了陪母亲前来还愿的甘路。上完香、拜过佛，两位长者在一边儿说上了话。珠儿和甘路也来到走廊上聊天，珠儿很开心，叽叽喳喳，讲个没完。可是她发现，甘路对她的表现很平淡。

珠儿问甘路：“你难道忘记了十六年前，我和你在圆音寺的事情吗?”

甘路听了非常诧异，说：“珠儿姑娘，你长得很漂亮，也很讨人喜欢，但是你的想象力未免太丰富了吧!”说罢，便和母亲离去。

看着甘路离去，珠儿怅然若失。她想，佛祖既然安排了这场姻缘，为何不让他记得当年的事情呢?甘路为什么对我没有一点感觉呢?

还没等珠儿想明白，不幸发生了：几天后，皇上下旨，封新科状元甘路为驸马，与小公主长风完婚；封珠儿为太子妃，与太子萧华完婚。

皇上的诏令，不啻晴天霹雳。珠儿怎么也想不通，以慈悲著称的佛祖，居然会这样残忍地对待她！既然不能和自己所爱的人生活在一起，还不如一死了之。珠儿下定决心，从此不吃不喝。几天光影，便饿得奄奄一息。

太子萧华听说后，急忙赶来，但此时珠儿的灵魂就要出窍了，一切都晚了。萧华扑倒在珠儿床前，说道："那天，在众多姑娘中，我一眼就爱上了你，我苦求父王多日，甚至以死相逼，他才答应。如果你死了，我也不活了。"

说完，萧华拔出宝剑，就要自刎。

这时，佛祖现身了，他对灵魂快要出窍的珠儿说："蜘蛛，你可曾想过，甘露是由谁带到你这里来的？是风啊，所以最后它会被风带走。甘路是属于长风公主的，他只不过是你生命中的一段插曲。而太子萧华，却是当年圆音寺门前的一朵小花，他看了你三千年，也爱慕了你三千年，而你从来没有低下头来，看过他一眼。蜘蛛，我再来问你：世间什么最珍贵？"

蜘蛛明白了真相，刹那间大彻大悟，它说："世上最珍贵的不是'得不到'和'已失去'，而是现在能够把握的幸福。"

蜘蛛刚刚说完，佛祖便不见了。珠儿也睁开了眼睛，看到正要自刎的太子，她赶紧打落了宝剑，和太子紧紧拥抱在一起……

你是否也曾为生命中的甘露痛不欲生？却忽略了身边那株最爱你的小花？多想想那些如意的事情吧！多看看那些近在眼前的人儿吧！某些人、某些物，终究只是我们生命中的插曲，从一开始就不属于我们。如果沉迷于"得不到"和"已失去"，我们势必会忽略既有的幸福。也许等到我们顿悟时，早已时不我待。世上不是没有缘分，而是没有让所有人都百分之百满意的缘分。无论是爱情的路，还是人生的路，追求和企盼的同时，还要学会珍惜。